高职高专教材

机械创新设计及其专利申请

主　编　李助军
副主编　刘怡飞　陈　慧　罗锡才

华南理工大学出版社
SOUTH CHINA UNIVERSITY OF TECHNOLOGY PRESS
·广州·

图书在版编目（CIP）数据

机械创新设计及其专利申请/李助军主编．—广州：华南理工大学出版社，2020.8

ISBN 978-7-5623-6412-2

Ⅰ．①机… Ⅱ．①李… Ⅲ．①机械设计-专利申请-中国 Ⅳ．①TH122 ②G306.3

中国版本图书馆 CIP 数据核字（2020）第 109193 号

机械创新设计及其专利申请

李助军　主编

出 版 人：卢家明

出版发行：华南理工大学出版社

（广州五山华南理工大学 17 号楼，邮编 510640）

http：//www.scutpress.com.cn　　E-mail：scutc13@scut.edu.cn

营销部电话：020-87113487　87111048（传真）

策划编辑：吴翠微

责任编辑：吴翠微　张　楚

责任校对：袁桂香

印 刷 者：佛山家联印刷有限公司

开　　本：787mm×1092mm　1/16　印张：9　字数：174 千

版　　次：2020 年 8 月第 1 版　2020 年 8 月第 1 次印刷

定　　价：35.00 元

前　言

“发展是第一要务，人才是第一资源，创新是第一动力。”为了培养高职高专层次的应用型创新人才，编者结合大学生创新设计的实际需要编写了本书。本书系统地介绍了创造原理、创新技法、专利申请文件撰写、专利申请，并配有相应的视频教程，力求理论联系实际，学以致用，以提高读者创新能力。

本书力求体现高职高专教材的实用性、先进性；精选内容，对创新原理、创新方法等的基本概念、基本原理、基本方法努力做到深入浅出，叙述强调知识的具体应用。有利于把以传授创新理论知识为主转为以具体运用创新技法为主的、以学生为中心的项目化教学。在实例素材选取上突出新技术、新工艺，取材源于学生身边，来源于机械创新设计大赛历届比赛，贴近学生年龄段，让学生产生共鸣和兴趣，让学生觉得机械创新设计并不是高不可攀，以激发学生创新欲望。

本书可以作为高等职业教育专科机械类专业的机械创新设计教材，也可以作为企业工程技术人员创新设计和专利撰写的参考书。

本书编写分工如下：李助军编写第1章、第2章、第3章、第5章；陈慧编写第4章和附录；刘怡飞、罗锡才编写第6章及视频脚本，并负责视频制作；全书由李助军统稿和定稿。

本书得到了广州铁路职业技术学院省一流高职院校建设项目的资助，是广东省精品在线开放课程的建设成果。

在本书的编写过程中，广州大学江帆教授等提出了许多宝贵意见和建议，在此表示衷心的感谢。

由于作者水平有限，错误和不当之处在所难免。另外，由于高等职业教育中的创新教育还处于不断完善的过程中，编者在编写过程中参考了许多论著和论文，有的地方引用了部分成果和观点，参阅了目前已出版的成熟教材，在此特向原作者表示感谢，并请各位读者批评指正。

编　者

2020年5月

目 录

第1章 绪 论

【知识点】

- 创新与社会的关系
- 21 世纪教育的特点
- 创新设计及其类型和特点

【学习目标】

- 了解创新与社会发展的关系
- 掌握设计的步骤
- 掌握创新设计的类型和特点

1.1 创新与社会发展

创新是人类的一种思维和实践方式。创新实践活动是人类各种实践活动中最复杂、最高级的，是人类智力水平高度发展的表现。在创新实践中，人类运用已有的知识、经验、技能，研究新事物，解决新问题，产生新的思想及物质成果，用以满足人类物质及精神生活的需求。

创新是人类社会进步的原动力，人类社会的每一点进步都是创新的产物。人类通过创新，创造了生产工具，创立了现代的生产方式，提高了生产能力，增强了人类按照自然规律适应自然、改造自然的能力，使人类在自然界中获得了更大的自由。

创新是科学技术发展的原动力，人类通过创新创立了现代科学的理论体系，使人类深化了对世界本质及其规律的认识。

创新是社会经济发展的原动力，人类通过创新建立了现代的社会制度，为人类社会的可持续发展提供了更广阔的空间。当今世界各国之间在政治、经济、军事和科学技术方面的激烈竞争，实质上是人才的竞争，是人才创新能力的竞争。

创新能力对一个国家的现代化建设，对一个民族的生存和发展进步具有极其重要的意义。习近平同志指出："创新是一个民族进步的灵魂，是一个国家兴旺发达的不竭动力，也是中华民族最深沉的民族禀赋。在激烈的国际竞争中，惟创新者进，惟创新者强，惟创新者胜。”

一个民族如果没有足够的创新能力，就无法为民族的进步提供动力，在世界进步的历史潮流中就会落伍。科学技术的发展使得交通和通信越来越发达，世界各民族的交往越来越密切，信息和商品的流通越来越便利。在这种情况下，一个民族可以更方便地获得其他民族创造的物质产品和精神财富。在这种创新浪潮中，一个民族如果不能通过创新使自己不断发展、进步，就会被历史的潮流所淘汰。

建设创新型国家的核心是把增强自主创新能力作为发展科学技术的战略基点，走中国特色的自主创新道路，推动科学技术的跨越式发展。因此要激发全民族的创新精神，培养高水平创新人才，形成有利于自主创新的体制，大力推进理论创新、制度创新、科技创新，不断巩固和发展中国特色社会主义事业。

技术创新的特点是以市场为导向，以提高竞争力为目标。技术创新的内容包括从新产品、新工艺设想的产生，到技术研究、开发，再到工程化、商业化生产，直到市场应用的整个过程。

中华民族是富有创造性的民族，中华民族的祖先创造了灿烂的中华文明，为人类世界文明做出了突出的贡献。除众所周知的指南针、火药、印刷术和造纸术这四大发明以外，中国在机械设计方面也有很多成果，如指南车、记里鼓车、农业机械、水利机械、兵器、地动仪等。这些成果的设计在当时都远远领先于世界水平。在农业、航运、石油生产、气象观测中的很多技术以及十进制计算、纸币、火箭等的原始设计也都源于中国。

中华人民共和国成立后，我国的科学技术人员在国家经济很困难的条件下，独立研制了“两弹一星”，建造了高能粒子加速器，开发了多个大型油田。中国人培育的杂交水稻为解决世界粮食短缺问题做出了卓越贡献。

今天，中国的科学技术人员正凭着高度的自信心和民族自豪感，发挥中华民族的聪明才智，发扬勇于创新的优良传统，为实现中华民族的伟大复兴贡献力量。

1.2 创新人才培养

1.2.1 21世纪教育的特点

世界各国在各个领域的竞争归根结底是人才的竞争，而高等学校的创新教育是培养人才的重要环节。联合国教科文组织曾预测，21世纪高等教育具有五大特点：

（1）教育的指导性。打破采用注入式、统一方式塑造学生的局面，强调发挥学生特长，让学生主动学习。教师的角色从传授知识的权威变成指导学生学习的顾问。

（2）教育的综合性。不满足于传授和掌握知识，强调运用知识解决问题的综合能力的培养。

（3）教育的社会性。教育场所由封闭的校园转向开放的社会，由教室转向图书馆、工厂等社会活动领域，借助现代高科技信息网络技术促进远程高等教育的发展。

（4）教育的终身性。信息时代来临，使人类进入了知识经济的新时代，知识的迅速更替，创新的不断加强，使人们的学习行为普遍化和社会化。为了生存、竞争，必须不断学习，将一次性的学校教育转化为全社会的终身教育。

（5）教育的创造性。为适应科技高速发展和社会竞争的需要，建立重视能力培养的教育观，致力于培养学生的创新精神和提高学生的创造力。

1.2.2 创新能力的培养

传统的教育重视通过知识的灌输和训练使学生系统深入地掌握已有的知识体系，并能正确、熟练地运用。为了适应知识经济时代对人才培养的要求，需要更新教育观念，努力探索新的人才培养模式，加强对学生素质教育和创新能力的培养。培养学生的创新能力需要从培养创新意识、提高创造力和加强创新实践训练等几个方面入手。

1. 培养创新意识

创新活动是有目的的实践活动，创新实践起源于强烈的创新意识。强烈的创新意识促使人们在实践中积极地捕捉社会需求，选择先进的方法实现需求，在实践中努力克服来自各方面的困难，全力争取创新实践的成功。创造学的理论和人类的创新实践都表明，每一个人都具有创新能力，人人都可以从事创造发明。使每一个人意识到自己是有创新能力的，这对提高全民族的创新意识和创新能力都是非常重要的。

诺贝尔物理学奖获得者詹奥吉说：“发明就是和别人看同样的东西却能想出不同的事情。”我国著名教育家陶行知先生在《创造宣言》中提出“处处是创造之地，天天是创造之时，人人是创造之人”，鼓励人们破除对创新的神秘感，敢于走创新之路。

在社会实践中只要对现实抱有好奇心，善于观察事物，敢于发现存在于现实与需求之间的矛盾，就能找到创新实践活动的突破点。例如：齿轮是机械装置中的重要零件，渐开线齿轮精度的检验项目多，检验中需要使用多种仪器，长期以来一直是加工、使用中的难点。针对这一问题，武汉某研究所设计开发了齿轮综合误差测量仪，通过分析被测齿轮与标准齿轮啮合过程中的角速度变化，可直接得到齿轮的多项误差参数，极大地简化了测量过程。

实现创新的过程是在没有路的地方寻找路的过程，可能会遇到各种各样的困难，要创新就要有克服困难的准备。例如：爱迪生在研究白炽灯的过程中，为了寻找适合的材料作为灯丝，曾经试验过6 000多种植物纤维，1 600多种耐热材料；居里夫人为了提取“镭”，从1898年到1902年，用了4年的时间在极其简陋的条件下，每天连续几小时不停地搅拌沸腾的沥青铀矿残渣，经过几万次的提炼，处理了几十吨沥青铀矿残渣，终于得到了0.1 g的镭盐，并测得了镭的原子量，证实了镭元素的存在。

发现创新点，发现解决问题的方法，需要对事物具有敏锐的洞察力。例如：我国科学家张开逊在调试某种仪器时，发现每当有人进入房间时，仪器的零点就会发生漂移。他针对这种现象，经过多次试验研究和理论分析，认识了气流温度场对零点漂移的作用规律。在此基础上，他根据人的呼吸对气流温度和密度的影响，开发出精度达到1/1 000℃的高分辨率测温仪，用于新生儿和危重病人的呼吸监护，效果很好。

2. 提高创造力

创造力是人的心理特征和各种能力在创造活动中体现出来的综合能力。提高创造力应从培养良好的心理素质、了解创新思维的特点、养成良好的创新思维习惯、逐步掌握创新原理和创新技法等方面入手。

创造力受智力因素和非智力因素的影响。智力因素包括观察力、记忆力、想象力、思维能力、表达能力、自我控制能力等，是创造力的基础性因素；非智力因素包括理想、情感、兴趣、意志、性格等，是发挥创造力的动力和催化因素。通过对非智力因素的培养，可以更有效地调动人的主观能动性，对促进智力因素的发展起重要作用。

创新技法是以创造学原理、创新思维规律为基础，通过对大量成功创新实践的分析和总结得出的技巧和方法。了解并掌握这些创新技法对于提高创新实践活动的质量和效率，提高创新实践活动的成功率具有很重要的促进作用。

实践表明，通过学习和有针对性的训练，可以激发人从事创新活动的热情，提高人的创造力。例如：美国通用电气公司在20世纪40年代率先对员工开设创造工程课程，开展创新实践训练，通过学习和训练，员工的创新能力得到明显提高，专利申请的数量大幅度提升。

3．加强创新实践训练

创新实践训练是提高创新能力的重要手段。学生通过学习可以了解创造学的有关概念、理论，了解各种创新技法，了解大量成功的创新设计实例，了解可能引起创新设计失败的原因。但是要真正掌握这些理论与方法，并能够正确地运用，只有通过大量的创新实践。

创新能力是综合实践能力，只有通过实践，才能得以表现。只有在创新实践过程中才能发现自身的优势和不足，才能纠正思维方式和行为方式中不利于创新的缺陷。近年来，在高校中开展的各种创意大赛、创新大赛等创新实践活动吸引了大量学生参加，为学生提供了良好的实践平台，极大地提高了学生参与创新实践活动的兴趣和热情，也有效地提高了学生的创新实践能力。

1.3 创新设计

设计是人类社会最基本的生产实践活动之一，是人类创造精神财富和物质文明的重要环节，创新设计是技术创新的重要内容。工程设计是工业生产过程的第一道工序，产品的功能是通过设计确定的，设计水平决定了产品的技术水平和产品开发的经济效益，产品成本的75%～80%是由设计决定的。

创新是设计的本质特征。没有任何新技术特征的技术不能称为设计。设计的创新属性要求设计者在设计过程中充分发挥创造力，充分利用各种最新的科技成果，利用最新的设计理论做指导，设计出具有市场竞争力的产品。

1.3.1 设计过程

如图1－1所示，设计过程一般分为产品规划、方案设计、技术设计和施工设计等四个阶段。

1．产品规划

产品规划就是通过调查研究确定社会需求的内容和范围，并进行市场预测，将社会需求定量化、书面化，确定设计参数和约束条件，制订设计任务书。产品规划阶段最终形成的是设计任务书，是后续设计、评价、决策的依据。设计任务书大体上应包括：产品的功能、经济性及环保性评估、制造要求、基本使用要求，以及完成设计任务的预计期限等。这个阶段，对这些要求及条件一般只能给出一个合理的范围，而不是准确的数字。

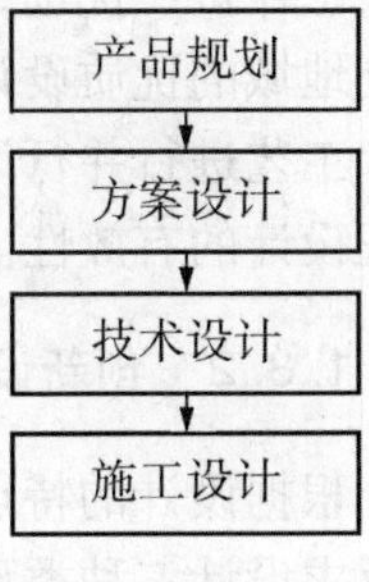

图1－1 产品设计流程

2. 方案设计

方案设计（也称为概念设计）阶段确定实现功能的原理性方案，对产品的原动机部分、工作机部分、传动部分和控制部分分别进行方案性设计，产生原理方案图。产品各个部分的设计往往有多个方案，在众多的方案中，技术上可行的往往只有几个。对这几个可行的方案，从技术、经济、环保等方面进行综合评价，从而确定整个产品的原理图。

扫一扫，
观看“设计过程”

3. 技术设计

技术设计（也称为细节设计）是在方案设计的基础上将原理方案具体化、参数化、结构化，根据功能要求确定零件的材料，通过失效分析确定结构的具体参数，通过功能分析和工艺分析确定零件的具体形状和装配关系。技术设计阶段的目标是完成总装配草图及部件装配草图。通过草图设计确定各部件之间的连接以及零、部件的外形及基本尺寸。最后绘制零件的工作图、部件装配图和总装图。

为了提高产品的市场竞争力，需要应用各种最新的设计理论与方法，对技术方案进行优化设计和系列化设计。根据人机工程学（工效学）原理进行宜人化设计，根据工业设计的原则进行产品的外观设计，使产品既实用，又适应市场商品化的要求，成为能够经得起市场竞争考验的商品。

4. 施工设计

施工设计是在装配图设计的基础上，根据施工的需要产生零件图，完成全部设计图样，并编制设计说明书、使用说明书及其他设计文档。

在产品投产前要通过产品试制，检验产品的加工工艺和装配工艺。根据试制过程进行产品的成本核算，对产品设计提出修改意见，进一步完善产品设计。

计算机辅助设计（CAD）的优势：可以充分利用计算机运算速度快、存储容量大、检索能力强的优势，提高设计速度；通过对大量可行方案的设计、分析、比较、评价、优选，提高设计质量；通过便捷的信息传播手段，充分调动分布在不同地域的优质设计资源，同时对产品的不同部分进行设计，对产品的材料、功能和工艺进行并行设计，缩短设计周期；充分利用分布在不同媒体上的有效信息，保证设计的有效性。

1.3.2 创新设计的类型

根据设计的特点，可以将创新设计分为开发设计、变异设计和反求设计三种类型。

扫一扫，观看
“创新设计的类型”

1．开发设计

根据设计任务提出的功能要求，提出新的原理方案，通过产品规划、方案设计、技术设计和施工设计的全过程完成全新的产品设计。

2．变异设计

在已有产品设计的基础上，根据产品存在的缺点或新的应用环境、新的用户群体、新的设计理念，通过修改作用原理、动作原理、传动原理、连接原理等，改变已有产品的材料、结构、尺寸、参数，设计出更加适应市场需求、具有更强的市场竞争力的产品；或在已有产品设计的基础上，通过在合理的范围内改变设计参数，设计在更大范围内适应市场需求的系列化产品。

3．反求设计

根据已有的产品或设计方案，通过深入的分析和研究，掌握设计的关键技术，在此基础上，开发出同类型的创新产品。

创新是上述各种类型设计的共同特征，是设计的本质属性。在设计过程中，设计人员需要充分发挥创造性思维，掌握设计的基本规律与方法，不断提高创新设计的能力。

1.3.3 创新设计的特点

扫一扫，观看“创新设计的特点”

创新设计必须具有独创性和实用性。充分考虑各种可行的工作原理，对多种可行方案进行对比分析，是确定创新设计方案的基本方法。创新设计具有如下特点。

1．独创性

独创性（新颖性）是创新设计的根本特征。创新设计必须具有某些与其他设计不同的技术特征，这就要求设计者采用与其他设计者不同的思维模式，打破常规思维模式的限制，提出与其他设计者不同的新功能、新原理、新机构、新结构、新材料、新外观，在求异和突破中实现创新。

2．实用性

工程领域的创新必须具有实用性，创新结果需要通过实践来检验其原理和结构的合理性。只有得到使用者的支持，创新实践才可以持续进行。另外，工程创新成果是一种潜在的社会财富，只有将其转化为现实的生产力才能真正为社会经济发展和社会文明进步服务。目前，我国科技成果转化为实际生产力的比例还很低，专利成果的实施率也很低，在从事创新设计的过程中要充分考虑成果实施的可能性；成果完成后要积极推动成果的实施，促进潜在社会财富转化为现实社会财富。

创新设计的实用性主要表现在对市场的适应性和可生产性两方面。

创新设计对市场的适应性指创新设计必须有明确的社会需求，有些产品开发行为缺乏对市场的调查，只凭主观判断，造成产品开发失误。例如，某企业曾经开发了一款新型多功能机床，其中采用了多项新技术、新结构，但是当时市场对这类产品的需求已经饱和，产品开发后无法推向市场，造成大量的浪费。又如，在20世纪70年代，有关研究表明作为制冷剂被使用的氟利昂具有破坏高空臭氧层的作用，影响臭氧层对紫外线的吸收，某制冷机厂及时注意到这一信息，较早地针对这一可能对全行业产生重大影响的关键技术展开研究，设计出使用溴化锂制冷剂的新型制冷机，代替原来用于大、中型空调机上的氟利昂制冷设备，这项创新设计的成功为企业带来了巨大的经济效益。

创新设计的可生产性指成果应具有较好的加工工艺性和装配工艺性，容易采用工业化生产的方式进行生产，能够以较低的成本推向市场。

3．多方案优选

要用较好的方法实现创新设计，就要充分考察可以实现给定产品功能的各种方案。从事创新设计要能够从多方面、多角度、多层次考虑问题，广泛考察各种可能的方法，特别是那些在常规思维下容易被忽视的方法。只有充分地考察各种可能的途径，才有可能从中找到最好的实现方案。

从一种要求出发，向多方向展开思维，广泛探索各种可能性的思维方式称为发散性思维。创新设计首先通过发散性思维寻求各种可能的途径，然后再通过收敛性思维从各种可能的途径中寻求最好的（或较好的）途径。创新设计中要不断地通过先发散再收敛的思维过程寻求适宜的原理方案、结构方案和工艺方案。与收敛性思维相比，发散性思维更重要、更难掌握，发散性思维是创新设计的基础。

科学技术的发展可以为创新设计不断提供新的原理、机构、结构、材料、工艺、设备、分析方法等。在不断变化的技术背景下，人们可以更新已有的技术系统，提供新的解决方案，促进技术系统的进化。

第 2 章　创造原理

【知识点】

- 综合创造原理
- 分离创造原理
- 移植创造原理
- 还原创造原理
- 物场分析创造原理
- TRIZ 创造原理

【学习目标】

- 了解各种创造原理
- 掌握常用创造原理的运用

创造是一种有目的的探索活动，它需要一定的理论指导。创造原理是人们进行无数次创造实践的理性归纳，也是指导人们开展新的创造实践的基本法则。本章阐述的创造原理可为机械创新设计提供创新思考的基本方法。

2.1　综合创造原理

2.1.1　综合创造的概念

综合是在分析的基础上进行的，它的基本特点就是探求研究对象的各个部分、方面以及因素和层次之间相互联系的方式，即结构的机理与功能，由此而形成一种新的整体性认识。所以，综合不是关于对象各个构成要素认识的简单相加，综合后的整体性认识能够形成新的关于对象的机理和功能的知识，往往导致科学上的新发现。

扫一扫，观看
“综合创造原理”

综合创造是指运用综合法则去寻求一种有效的创造方法。它的基本模式如图 2－1所示。

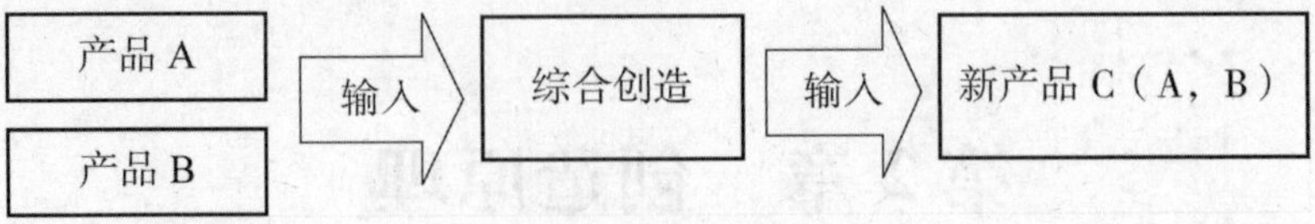

图 2－1　综合创造的基本模式

在机械创新设计实践中可以发现许多综合创造的成果，以下列举两例：

例 1：20 世纪 80 年代以来，机电一体化产品（如数控机床、全自动洗衣机、自动取款机等）纷纷登台亮相，给现代社会生产和生活带来了极大的方便。这些产品所依托的机电一体化技术对企业产品的升级换代和社会生活方式的变革都产生了重要影响。机电一体化产品从创造原理角度来看，可以说是机械技术与电子技术的综合。运用综合创造方法所设计出的机电一体化产品比起运用传统的机械技术或电子技术设计出的产品具有更加优越的性能，它使传统机械产品和传统电子产品发生了质的飞跃。

例 2：过去某些精密机床利用机械校正机构，只能校正机床的系统误差。如今的数控机床集成了电子计算机技术，充分发挥了计算机的威力，运用时间序列分析和精度创成等理论建立数学模型，已有可能实时预报包括随机误差在内的机床误差，然后自动校正，从而使产品达到前所未有的精度。采用对阻尼进行预报，一旦接近临界值就自动调整切削用量，防止颤振发生，保证了很高的生产率和良好的加工表面。

2.1.2　综合创造的基本方法

1. 切割式综合创造

切割式综合创造是指创造者为实现某一创造意图，切割、截取两种或两种以上的事物的某些部分（要素），然后综合成为与原事物性能有所不同的新事物的一种创造。切割式综合既可以是部分性事物与整体性事物的综合，也可以是部分性事物与部分性事物的综合。

例如：同步带传动（图 2－2）是一种啮合型带传动，相对普通的摩擦型带传动来说是一种新型带传动。它的传动带内表面上具有等距分布的横向齿，带轮外缘上具有相应的齿槽，工作时依靠齿与齿槽的啮合来传递运动。与摩擦型带传动相比，同步带传动的带轮与传动带之间没有相对滑动，能够保证严格的传动比，但对中心距及其尺寸精度要求较高。从创造原理的观点看，同步带传动的设计是综合了传统平带传动技术与齿轮啮合传动技术的产物。

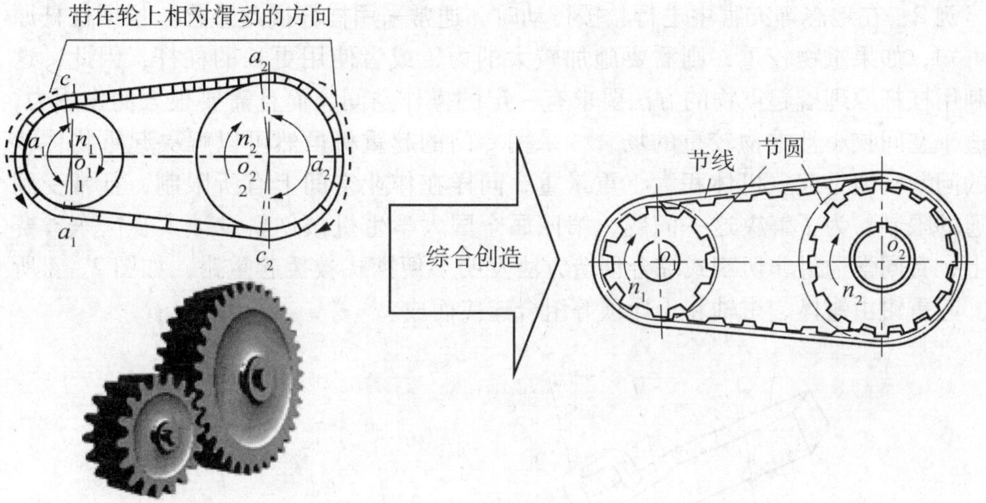

图2-2 同步带传动

2. 非切割式综合创造

非切割式综合创造是指创造者为实现某一意图，直接将两种或两种以上的事物，在保持其各自相对独立的条件下，组合成为新主体的综合创造方式。这种综合不是简单的事物拼凑，而是使事物由量变到质变的创新。

例1：千斤顶是一种以刚性顶举件作为主要工作部件，通过顶部托座或底部托爪在量程内顶升重物的轻小起重设备。千斤顶主要用于厂矿、交通运输等部门，作为车辆修理及其他起重、支撑等工作的主要装置。其结构轻巧坚固、灵活可靠，一人即可携带和操作，但是不能在斜面上使用。第四届全国大学生机械创新设计大赛广东省赛区预赛上，有同学通过非切割式综合创造的方法发明了能在斜面上使用的千斤顶装置，如图2-3所示。该装置由液压千斤顶和调角度的底座组成。

图2-3 可在斜面上使用的千斤顶

例2：在地震等灾害中进行救援行动时，通常采用杠杆撬起重物。根据杠杆原理可知，如果重物较重，则需要施加较大的力，或者使用更长的杠杆，因此，这种利用杠杆原理撬起重物的方法要求有一定的操作空间，而且需要很大的作用力，不适于空间狭小且重物较重的场合。采用专门的起重机虽然可以解决起重物体较重的问题，但是起重机体积大、重量重，同样在作业空间上有所限制，且常受到交通的限制。为了解决这一问题，第四届全国大学生机械创新设计大赛广东省赛区上，有同学通过非切割式综合创造方法发明了便携式救援起重钳，如图 2 - 4 所示。起重钳由钳体、钳轴和千斤顶等组合连接而成。

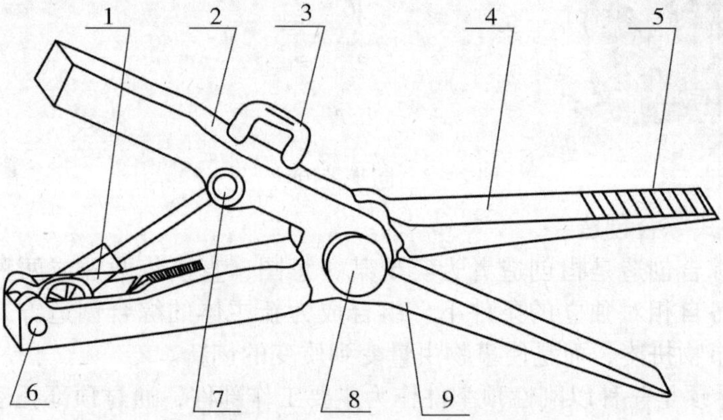

图 2 - 4　便携式救援起重钳

1—千斤顶；2—手柄部分；3—把手；4—上钳体；5—钳嘴部分；
6—第一铰链；7—第二铰链；8—钳轴；9—下钳体

例3：万向铰链机构，又称万向联轴器，是用来联接不同机构中的两根轴（主动轴和从动轴），使之共同旋转以传递扭矩的机械零件，如图 2 - 5 所示。单万向联轴器如图 2 - 5a 所示，在使用过程中，人们发现它在传动性能上有一个不足之处，即当主动轴匀速转动时，从动轴作变速转动，从而产生惯性力和振动。为了消除单万向联轴器的这一缺点，人们设计出如图 2 - 5b 所示的双万向联轴器，它用中间轴将两个单万向联轴器相连。当主动轴等角速度回转时，尽管中间轴本身的转速是不均匀的，但从动轴却以与主动轴相等的角速度回转，从而避免了动载荷的产生。在机床、汽车传动系统中可以见到这种双万向铰链机构的应用。从创造原理上看，双万向联轴器是两个单万向联轴器非切割式综合创造的应用产物。

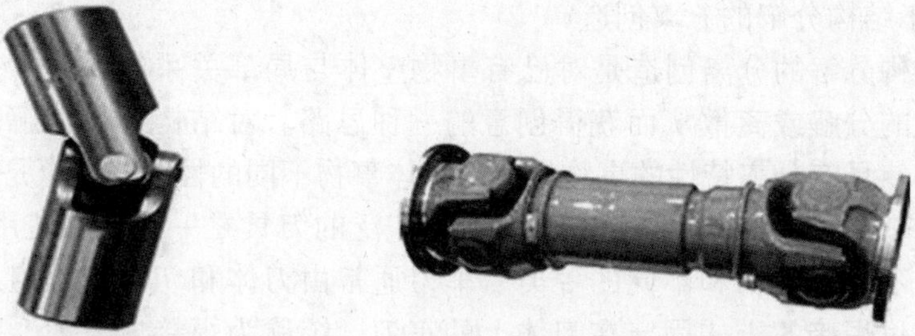

（a）单万向联轴器　　　　（b）双万向联轴器

图2－5　万向铰链机构

2.2　分离创造原理

扫一扫，观看“分离创造原理”

2.2.1　分离创造的概念

分离创造是把某一创造对象进行科学的分解或离散，使主要问题从复杂结构中暴露出来，便于人们抓住主要矛盾或矛盾的主要方面，从而理清创造的基本思路，寻求新的突破的创造方法。

分离创造的基本模式如图2－6所示。

图2－6　分离创造的基本模式

运用分离创造，人们已获得了许多创造成果。在机械设计领域，组合夹具、组合机床、模块化机床等的设计都体现了分离创造的运用。

2.2.2　分离创造的基本方法

实现分离创造可以有多种方法，如对事物特性进行分离。实现分离创造的方法包括：空间分离（从空间上分离相反的特性）、时间分离（从时间上分离相反的特性）、基于条件的分离（同一对象中共存的相反特征）以及整体与部分的分离（从整体与部分上分离相反的特性）。

在具体操作方式上，实现分离创造的方法包括结构分解、特性列举等。在机械创新设计中，可以用这些方法进行创造性思考。

1. 基于结构分解的分离创造

基于结构分解的分离创造是对已有事物整体与局部关系的思考，是对结构形态进行合理的分解或离散从而获得创意的一种思路。对结构进行分解时，关键问题在于能否使具有分离特性的事物具有与整体事物不同的性能，甚至是技术优势。

例1：车刀是金属切削加工中应用最为广泛的刀具之一。按照使用要求不同，车刀可以有不同的结构和不同的种类。车刀通常由刀体和切削部分组成。将硬质合金刀片通过焊接的方式固定在刀体上的车刀，统称为焊接式车刀。除了焊接式车刀外，人们应用分离创造原理设计制造出机械夹固式车刀。根据使用情况不同又可分为机夹重磨车刀和机夹可转位车刀。机夹重磨车刀（图2－7a）是将普通车刀用机械夹固的方法夹持在刀杆上的车刀。当切削刃磨钝后，这种刀具只要把刀片重磨一下，适当调整位置仍可继续使用。机夹可转位车刀（图2－7b）又称机夹不重磨车刀，它是采用机械夹固的方法将可转位刀片夹紧并固定在刀体上的一种车刀。它是一种高效率的刀具，刀片上有多个刀刃，当一个刀刃用钝后，不需要重磨，只要将刀片转一个位置便可继续使用。从创造原理上看，机械夹固式车刀是对刀体和切削部分结构分离创造的产物。

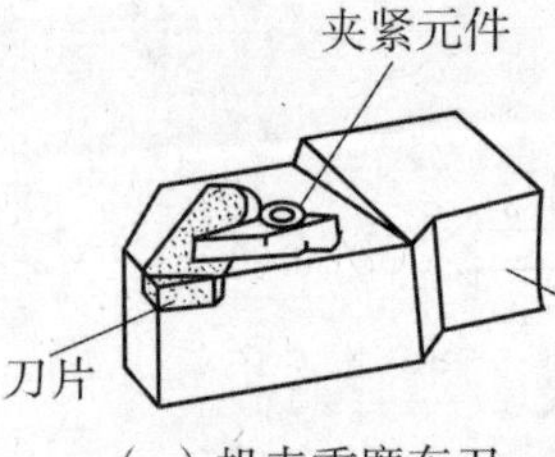

（a）机夹重磨车刀

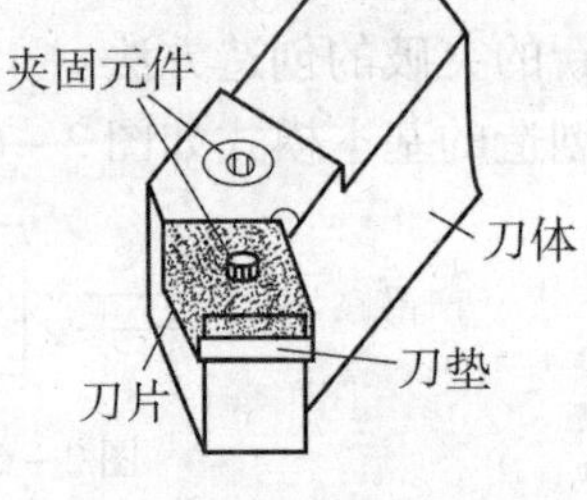

（b）机夹可转位车刀

图2－7　机械夹固式车刀

例2：机床夹具是在机床上用于装夹工件和引导刀具，并能与机床保持相对位置的一种装置。按适用工件的范围和特点，机床夹具可分为通用夹具、专用夹具和组合夹具等类型。组合夹具是一套预先制造好的，具有完全互换性和高耐磨性、高精度的各种不同形状、不同规格、不同尺寸的组合夹具元件，根据不同零件的加工要求组装而成的各种类型的专用夹具。这种组装的专用夹具使用后可方便地进行拆卸分解，待再次组装后重新使用。

图2-8所示为组合钻床夹具，它是由长方形基础板、方形支承、钻模板、钻套等标准件拼装而成。从创造原理上看，组合夹具是对夹具结构组成进行分离创造的产物。

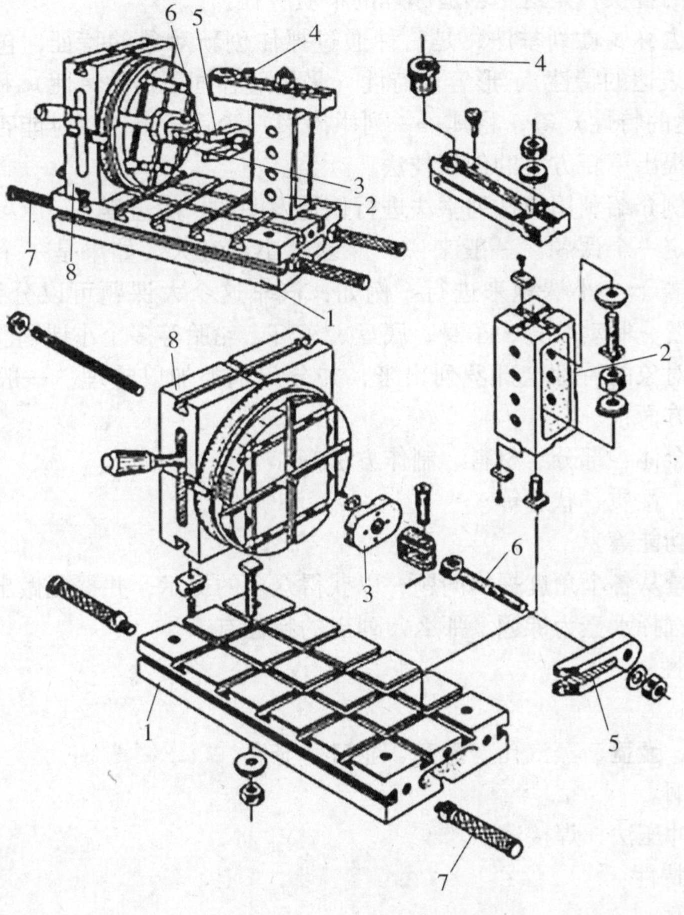

图2-8　组合钻床夹具

1—基础件；2—支承件；3—定位件；4—导向件；5—夹紧件；6—紧固体；7—其他件；8—分度台

2. 基于特性列举的分离创造

基于特性列举的分离创造是对已有事物的特征进行分离、分类，并在此基础上进行创造的一种思路。

基于特性列举的分离创造是美国布拉斯加大学教授克拉福德总结的一种创造技法，他认为通过对需要革新改进的对象作观察分析，尽量列举该事物的各种不同的特征或属性，然后确定应加以改善的方向及实施的方案。他说："所谓创造，就是要抓住研究对象的特性，以及与其他事物替换的方法。"由此可见，抓住事物的特性并进行新的置换，是这一创造原理的本质所在。

特性列举法也称属性列举法，是一种通过抓住创新对象的特征，包括名词特性（采用名词来表达的特性）、形容词特性（采用形容词表达的特性）和动词特性（采用动词来表达的特性）等，将其一一列举出来，然后分析、探讨能否以更好的特性替代，最后提出革新方案的创新技法。

下面结合实例介绍利用特性列举法进行创造发明的一般过程：

第一步，确定一个课题。一般来说，课题宜小不宜大。如果是一个比较大的课题，最好分成若干个小课题来进行。例如：汽车这个大课题可以分为发动机、离合器、传动装置、制动装置、车身、底盘、车灯、轮胎等多个小课题。

第二步，将对象的特性全部罗列出来，并分门别类加以整理。一般事物的特性包括以下三个方面：

名词特性：全体、部分、材料、制作方法等。

形容词特性：性质、状态等。

动词特性：功能等。

第三步，尽量从各个角度提出问题，以获得众多的提示，并据此做出改进。

例如，如果选择水壶为课题，那么，列出的特性有：

（1）名词特性：

全体：水壶。

部分：壶柄、壶盖、蒸汽孔、壶身、壶口、壶底。

材料：铝、铜。

制作方法：冲压法、焊接法。

（2）形容词特性：

性质：轻、重。

（3）动词特性：

功能：烧水、装水、倒水。

以壶柄为例，可得到如下启示：金属的壶柄，水烧开后提起时很烫手，于是就在提手处装上塑料；开始时，塑料捏手做成平的，倒水不方便，后来就在塑件大拇指着力的地方做出一个合适的突出点，而四指着力的地方则做成与四个手指形状相似的指柄；另外，壶柄要烧水的时候搁在壶身上，水烧开后壶柄太烫手，于是就在壶柄上装上支臂活动卡，烧水的时候使壶柄竖着，情况就好多了。

2.3　移植创造原理

扫一扫，观看
“移植创造原理”

2.3.1　移植创造的概念

“他山之石，可以攻玉。”将某一领域的科学技术成果，引用或借鉴到其他领域，用以变革或改进原有产品或开发新产品，这就是移植创造。移植创造原理的基本模式如图2－9所示。

图2－9　移植创造原理的基本模式

移植创造的原理是各种理论和技术互相之间的转移。一般是把已成熟的成果转移、应用到新的领域，用来解决新的问题，因此，它是现有成果在新情境下的延伸、拓展和再创造。移植创造是一种应用广泛的创造思路，通览人类的科技创新成果，可以发现，不少地方是移植创造原理的应用。例如，超导技术具有强磁场、大电流，无热耗的独特功能，可以移植到许多领域：移植到计算机领域可以研制成无功耗的超导计算机，移植到交通领域可研制磁悬浮列车，移植到航海领域可制成超导轮船，移植到医疗领域可制成核磁共振扫描仪等。

2.3.2　移植创造的基本方法

实现移植创造，可以选择不同的移植供体，采用不同的移植方式。在机械创新设计中，人们更多的是采用技术原理移植与结构移植的方法去实现新的创造。当然，复杂的问题往往需要多路径的综合移植。

1. 技术原理移植创造

技术原理移植创造是将某种科学技术原理向新的研究领域或设计课题上类推和外延，而获得新的创造成果。由于技术原理的原端性和多样性，这种移植创造的思维水平和成果水平一般较高。

例1：红外线是波长介于微波与可见光之间的电磁波，波长在760 nm～1 mm之间，是波长比红光长的非可见光；覆盖室温下物体所发出的热辐射的波段。红外线被移植到通信、探测、医疗、军事等领域。

（1）医疗上的应用。在红外线区域中，对人体最有益的波段是4～14μm，这个在医术界统称为“生育光线”，因为这个红外线波段对生命的生长有促进作用。这个红外线对活化细胞组织、血液循环也有很好的作用，能够提高人的免疫力，加强人体的新陈代谢。

（2）遥控设备的应用。随着社会的进步，越来越多的家用电器都配备了遥控器（图2－10），而遥控器上必定会配备一个红外线发射管，当其与电器的红外线接收端形成对射的状态时，就能实现遥控的目的。

（3）开关上的应用。几乎涉及感应力的开关，都会应用到红外线，这个统称为红外线开关（图2－11）。它分为主动式开关与被动式开关两种。主动式红外线开关是由红外发射管和红外线接收管组成的，当红外线接收管接收到发射管发出的信号时，电器就会关闭；当物体阻挡了两者之间的连接，电器就会启动。被动式红外线开关是将人体作为红外线源（人体温度通常高于周围环境温度），红外线辐射被检测到时，电器就会启动。还有常见的红外感应龙头也应用了这种原理。

图2－10　遥控设备

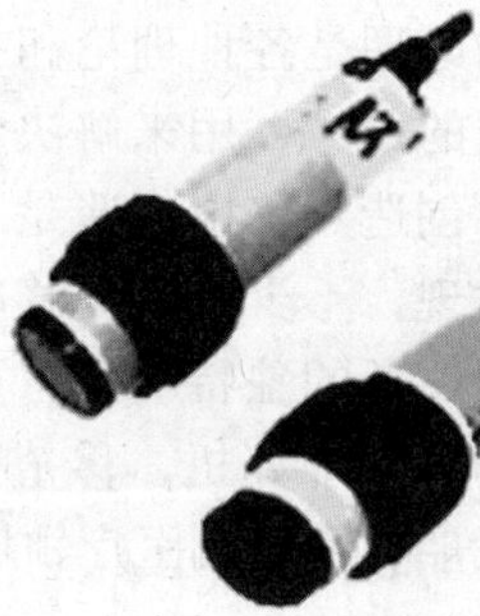

图2－11　红外线开关

（4）红外线接口的应用。现在很多电子设备都配备了一个红外端口，这个红外端口就是用作无线传输的。无线传输能够减少用线路传输所带来的接线问题，使得计算机可与其他计算机或设备通过红外线而不是电缆进行通信。在某些便携式计算机、打印机和照相机上都有红外端口。

（5）安防上的应用。红外线报警器是红外线在安防上经常使用到的一种安防器材，是由红外线发射机以及红外线接收机所组成的一个完整的红外线安防设备（图2－12）。发射端与接收端组成了一道人眼看不到的防盗墙，当人穿过这个墙时就会阻断发射跟接收之间的联系，这样就会启动报警，从而达到防盗的功能。

（6）侦探中的应用。在侦探上的应用大部分都是来自于军事上的应用，例如通过红外线在晚上监视，红外线夜视仪（图2－13）就是一个红外线在夜视仪侦探上经常用到的仪器。再如侦察卫星，它能够通过红外线探测到地面的信息，或者通过红外线来探测温度变化，侦探导弹发动机的尾焰温度，达到防空的目的。

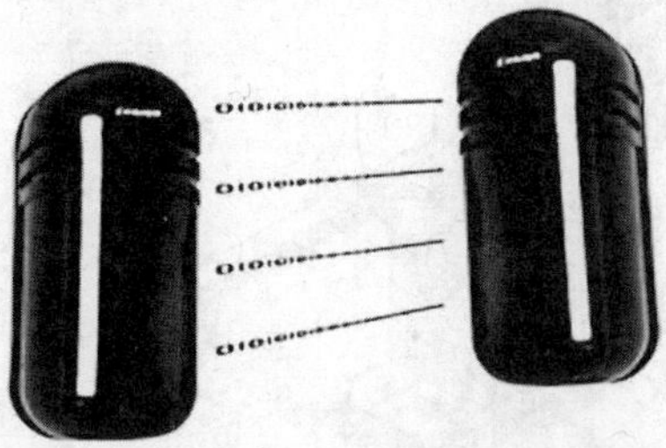

图 2－12　红外线安防设备

图 2－13　红外线夜视仪

例 2：人们利用电磁悬浮原理设计出了磁悬浮轴承，磁悬浮轴承具备的无接触、无摩擦、使用寿命长、不用润滑以及精度高等优点，是其他轴承所无法比拟的。磁悬浮轴承是利用磁力作用将转子悬浮于空中，使转子与定子之间没有机械接触。其原理是磁感应线与磁浮线成垂直，而轴芯与磁浮线是平行的，所以转子的重量就固定在运转的轨道上，利用几乎是无负载的轴芯往反磁浮线方向顶撑，使整个转子悬空在固定运转的轨道上。与传统的滚珠轴承、滑动轴承以及油膜轴承相比，磁悬浮轴承不存在机械接触，转子可以运行到很高的转速，具有机械磨损小、能耗低、噪声小、寿命长、无需润滑、无油污等优点，特别适用于高速、真空、超净等特殊环境中。

2. 结构移植创造

结构是事物存在和实现功能的重要基础。将某种事物的结构形式或结构特征应用于另一事物，称为结构移植。结构移植可以是简单地将某一事物的局部结构原封不动地置入另一事物，也可以利用某一结构的基本形式，在移植中有所变异，甚至可以仅仅模仿原有事物的某一结构特点设计新的事物。

例 1：图 2－14 为刀削面机器人，是替代人工技师执行削面工作的一种机器装置。它不仅可以按预先编排的程序去完成标准化的削面工作，还可以临时接受人工指令改变工作状态，是人工智能技术应用于餐饮领域的典型案例。

对于这样的机器设计，先要分析削面的动作，以针对这些动作进行运动规律设计。显然，要完成削面动作，机器至少需要具备两种工艺动作：刀削面的动作和移动面团。削面工艺动作确定之后，就可以进一步逐个运用移植原理，以寻找实现工艺动作的解决方法。如图 2－14 所示，刀削面机器人的刀设计能实现 x 方向的运动，以实现削面功能；机器人的一只手设计能实现 y 方向的运动，以实现移动面团功能。

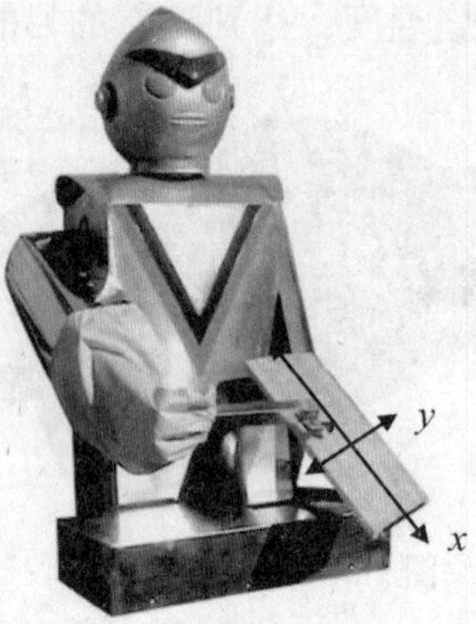

图 2－14　刀削面机器人

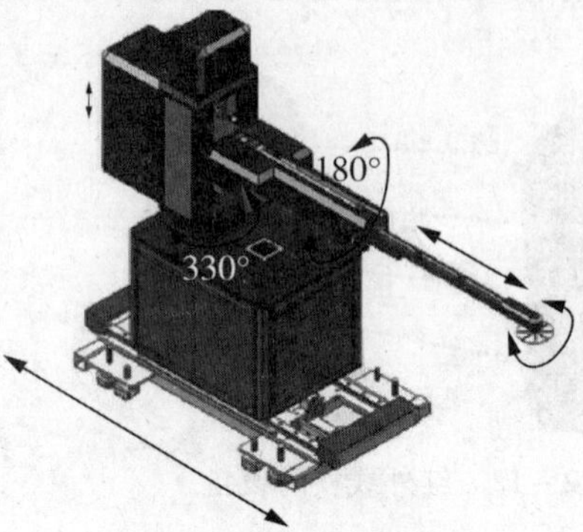

图 2－15　冲压机械手

例 2：冲压是利用模具在压力机上将金属板材制成各种板片状零件和壳体、容器类工件，或将管件制成各种管状工件。这类在冷态进行的成型工艺方法称为冷冲压，简称冲压。冲压成型以前需要工人用手完成上下料、冲压、搬运等工作。随着人力劳动成本上升等原因，有公司就利用结构移植创造设计出自动化设备代替冲压中的人工上下料、冲压、搬运等工作，这就是冲压机械手（图 2－15）。这不仅降低了人力劳动成本，还提高了人工及设备安全性，保证了产品产能、质量、工艺稳定性。

2.4　还原创造原理

扫一扫，观看
“还原创造原理”

2.4.1　还原创造原理的概念

还原一般理解为恢复原态。还原创造是指创造者通过回到“创造原点”再进行创新思考以获得创意的一种创造模式。

例如：人们创造了“锚”，目的是用来停泊船只。锚的前身是碇，早期的碇是用绳索缚着的石墩，停船时把石墩放到水底，利用石头的重量来固定船只。把绳索连同石墩提起来，就可以开船。遇到风浪太大或水流太急的时候，石墩的重量不够，常常不能系住船只，人们就在石墩上绑上木爪，创造出木爪石碇，木爪可以扎入泥沙之中，这样就加强了石墩的稳定性，固定船舶的力量相应增加了好几倍。以后，人们又发明出铁制的重达千斤的、一端有两个或两个以上带倒钩的爪子的铁锚。

锚重泊稳，这是极其浅显的道理。因而千百年来船舶的停泊装置都是紧紧围绕着如何增加锚的质量，如何改变锚的形状，如何控制锚的抛落和起收进行“顺理成章”的设计与制造。这固然能够解决问题，但由此造就的锚在设计原理上却是“千佛一面”，锚的结构也大同小异。

后来，当人们回到创造原点去思考，锚的设计便有了新的突破。什么是锚的创造原点？“能够将船舶稳定在海面”就是锚的创造原点，或者说凡是能够将船舶稳定在水面的事物，不管其结构形态如何，都应当称之为“锚”。于是，人们从这一创造原点出发，突破了现有锚的结构限制，提出了各种新奇的设想：能自动高速旋入海底的“螺旋锚”；能瞬间射入海底，又能即刻反射出来的“火箭锚”；具有强大吸附力的“吸盘锚”等。

此外，还有一种用局部冷却方法稳定船舶的“冷冻锚”令人刮目相看。该锚有一块约 $2\ m^2$ 的带冷却装置的铁板，冷却装置由船上电缆供电。把铁板沉放到海底，通电1 min，铁板就可冻结在海底岩石上；通电10 min后，冻结力完全可以把巨轮锚定在海面上。起锚时向发热元件供电，只需一两分钟铁板就升温解冻，作业也很简单。

通过上例可以发现，还原创造的本质是使思路回到事物的基本功能上去，从基本功能这一创造原点出发进行思考，才不会受已有事物具体形态结构的束缚，更能使创造者解放思想，应用发散思维去获得标新立异的解决问题的方案。

2.4.2 还原创造的基本方法

1. 还原换元

还原换元是指先还原，后换元。先还原，就是不拘泥于现有事物技术原理和结构形态，而是透过表面看本质，追溯创造的初衷并深入源头进行思考；后换元，就是从创造的源头出发，寻找可以置换现有技术或结构的单元，在换元思考中获得解决问题的新方案。

例如：食品保鲜装置的新设计。人们为了使食品在一定时间内保持良好的新鲜度和品质，创造了各种冷冻保鲜方法及相应装置，如冰袋、电冰箱、真空冷却机及声波制冷装置等。

为了创造新的食品保鲜装置，人们不断地进行探索，但常常是在同一创造起点上搜肠刮肚地思考着同样的问题：什么物质能制冷？什么技术能起到冷冻作用？还有什么制冷原理？这样思考并不算错，但仅局限于这种“冷冻”思维，无异于给自己套上了思维枷锁。如果运用还原创造原理求解这一问题，情况则有所改变。

按照还原换元原理，首先思考食品保鲜问题的“原点”在哪里？无论冰袋还是电冰箱，它们能够保鲜食品的根本原因在于能够有效地杀灭或抑制微生物的生长。凡具有这种效能的装置都可用来保鲜食品。这就是创造新的食品保鲜装置的创造原点。

从这一创造原点出发，可以进行换元思考，即用别的办法来取代传统的冷冻方案。有人运用逆向思维，想到了微波灭菌的技术方案，设计出微波保鲜装置。经过微波加热灭菌的食品，不仅能保持原有形态和味道，而且新鲜度比冷冻法更好。此外，从创造原点出发，人们还可以采用静电保鲜方法设计出电子保鲜装置。

2. 还原创元

还原创元与还原换元并没有本质的区别，只是在还原的基础上追求的创造水平有所差异。如果说换元只是在现有事物之间进行替换的一种渐变，那么创元则是以前所未有的新事物来取代旧事物的一种突变，这种创造有可能引起某一技术领域的重大变革，获得的往往是新型产品。

例1：新型板式电风扇。无论是台扇、吊扇，还是落地扇，其创造原点都是使周围空气急速流动，带走人体上的热量。根据这一原理，还有没有与现有电风扇完全不同的新产品呢？有人通过还原思考，想到了薄板振动生风的新方案。该方案用压电陶瓷夹持一金属板，通电后金属薄板高频振荡，导致空气加速流动。按此思路设计的电风扇，没有旋转式扇叶，面貌全新。这种新型板式电风扇，如果能够实现体积小、质量轻、耗电少和噪声低等方面的要求，将令人刮目相看。

例2：电火花加工设备。众所周知，常规的机械切削加工是依靠刀具对工件的切削过程来实现的。切削时要求刀具材料的硬度必须大于工件的硬度。但随着生产和科学技术发展的需要，许多工业部门的产品要求使用各种硬质、难熔或有特殊物理性能、力学性能的材料，有的硬度已接近甚至超过现有刀具材料的硬度，使常规的切削加工无法满足要求。为解决这一问题，需研发新的加工方法及其设备。为了突破常规的机械切削加工方式，创造者必须对切削加工进行还原思考。不管采用何种切削加工方法，都是按照图样要求除去工件上多余材料的过程。这就是研究新加工方法的"原点"。除了采用刀具切削来除去多余材料之外，还会有别的什么办法吗？在此思维导向下，人们想到了其他特种加工方法，电火花加工就是一例。

人们发现，电器开关启用时，会因放电而使接触部位烧蚀，造成"电腐蚀"。于是，创造者从中得到灵感，想到了电火花加工的新办法。电火花加工的基本原理：工具与工件之间不断产生脉冲式的火花放电，由此产生的局部、瞬时高温能将金属蚀除下来，从而使零件的形状、尺寸和表面质量达到预定要求。

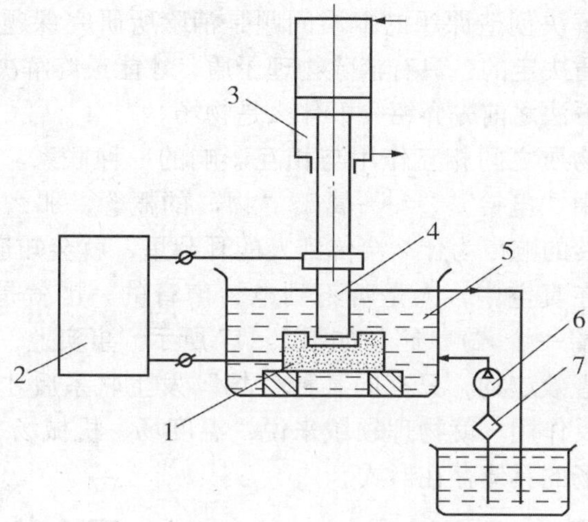

图2－16　电火花加工原理
1—工件；2—电源；3—自动调节装置；4—工具；
5—工作液；6—工作液泵；7—过滤器

如图2－16所示，电火花成型加工时，工件1与工具4浸在工作液5中，分别接脉冲电源2的两个输出端；工作液由工作液泵6经过滤器7抽出。自动调节装置3使工具4与工件1之间保持很小的放电间隙。当脉冲电压加到两极时，工具4与工件1之间绝缘强度最低处被击穿，发生局部放电，产生的高热使局部金属熔化、气化，形成一个金属小坑。脉冲放电结束一段时间后，工作液恢复绝缘，第二个脉冲继续工作。这样以相当高的频率连续不断地放电，工具电极不断地向工件电极进给，就可将工具的形状复制到工件上，加工出所需的零件。电火花成型加工特别适用于各种模具的型腔加工，可用来加工高温合金、淬火钢、硬质合金等难加工材料，还可用来加工细微精密零件和各种成型零件。

2.5　物场分析创造原理

扫一扫，观看
“物场分析创造原理”

2.5.1　物场分析的概念

物场分析（substance-field analysis）是苏联学者阿奇舒勒在其著作《创造是一门精确的科学——解决创造课题的理论》中提出的一种解决问题的方法。物场分析方法通常是指从物和场的角度来分析和构造最小技术系统的理论和方法。物场分析创造理论认为，解决创造课题的本质问题是消除所研究课题的技术矛盾，而技术矛盾是由物理矛盾决定的，只有消除物理矛盾，才能最终解决创造课题。

在介绍物场分析方法之前先介绍一下什么是物场。

物场是指物质与物质之间相互作用与相互影响的一种联系。例如，电铃的响声给人一种信号，其中“电铃”“人”属于“物”的概念，那么“场”又是什么呢？只要分析一下电铃的响声为什么会传到人的耳朵里，就会知道“空气的振动”是其中的原因，如果在真空中，人是听不到电铃声音的。也就是说，在“电铃”与“人”之间，存在着一个“声场”，如图 2－17 所示。事实上，世界上的物体本身是不能实现某种物理效应的，只有同某种“场”发生联系后才会产生对另一物体的作用或者相应的反作用。就物理领域来说，温度场、机械场、声场、引力场、磁场、电场等都是物场的具体存在形式。

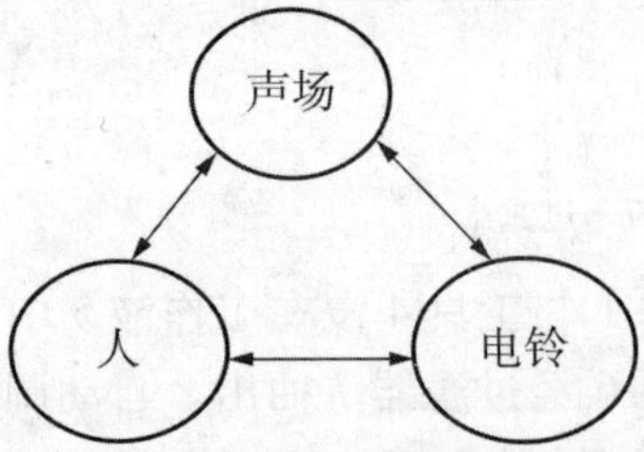

图 2－17　人－电铃物场模型

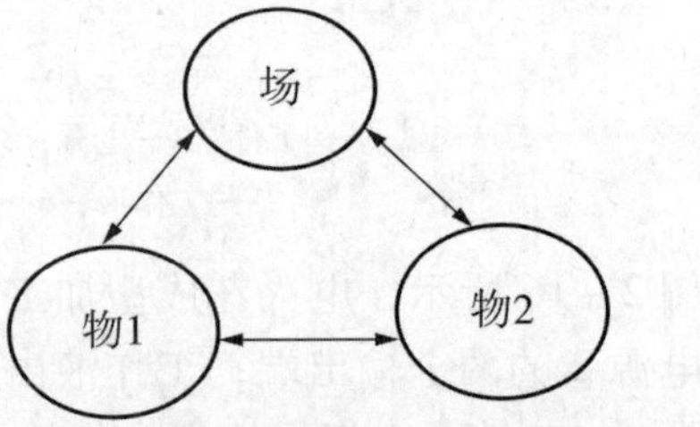

图 2－18　物场基本结构模型

物场形成的系统可以用三角形形式表示，如图 2－18 所示，在三角形物－场模型中，下面的两个角通常分别表示两种物质，上面的一个角通常表示场。场是物－场模型分析中的一个术语，通常表示物质之间的相互作用或效应。一个复杂的系统，经过分解后可以运用多个三角形模型表示，如图 2－19 所示。

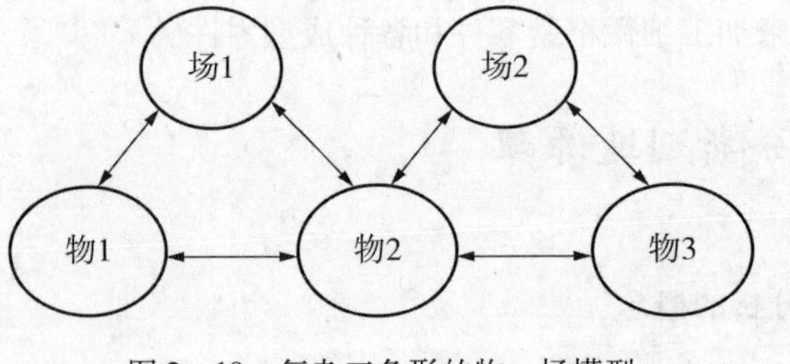

图 2－19　复杂三角形的物－场模型

2.5.2　物场的类型

任何物场都可以划分为以下三种类型中的一种：

（1）完全物场体系，即满足物场三要素要求的物场体系，它是一种能实现两物之间相互作用和影响的完整技术体系。

（2）不完全物场体系，即不能满足物场三要素的要求，或只知两物，或只知一物一场，这是有待补建的技术体系。

（3）非物场体系。如果只给出一种物或者场，则属非物场体系。显然，它不存在具体的相互作用与影响，不发生任何技术效能作用。

2.5.3 物场分析创造的基本方法

物场分析的基本内容就是在判别物场类型的前提下进行创造性思考，或对非物场体系或不完全物场体系进行补建，或对完全物场体系中的要素进行变换以发展物场。无论是补建还是变换，其最终目的都是使物场三要素之间的相互作用更为有效，功能更加完整和可靠，即通过对物场构成的分析和对物场的变换来实现物场的功效。应用物场分析进行创造，具体实施要点如下。

1. 课题分析

分析创造课题的出发点与期望达到的目的，搞清课题属于何种技术领域、已知什么、未知什么、限制条件有哪些等。

2. 分析物场类型

按照物场三要素要求，判断创造课题已知条件能构成哪种类型的物场体系。

3. 进行物场改造思考

对非物场体系或不完全物场体系，要补建成完全物场体系。补建的措施是引进作为完全物场体系所不可缺少的元素，而这种引进的元素应当是能够发生相互作用的，而不是无关的元素。例如，当已知条件给定了两种物质，并引进了一个场后，虽然符合构成物场三要素的要求，但有时它们之间并不能发生相互作用。因此，还应引进使它们发生相互作用的物质，该物质应当是与给定的两个物质之一相混合而不分离，即以复合体（物2、物2′）来代替物2。对完全物场体系进行要素置换时，要注意物场功效的大小与要素的性质相关。对于已有的完整物场技术体系，可以考虑用更有效的场来取代，如用电磁场来取代机械场，或用更有效的物质（技术载体）来置换效能较差的场。

4. 形成新的技术体系形态

对确定的新物场体系进行技术性构思，使之成为具有技术形态的新技术体系。该技术体系的建立，意味着新的解决问题的技术方案形成。

例1：电冰箱冷冻机密封检测。运用物场分析法解决家用电冰箱中冷冻机密封不良的检测问题时，可以按以下思路进行：

（1）课题分析。家用电冰箱冷冻机中充满氟利昂和润滑油，如果密封不良，氟利昂和润滑油都会外漏。因此，检测密封不良的问题实际上就是判断是否有工作介质或润滑油外漏。

（2）物场分析。根据物场形式进行分析，此课题中哪些东西可以视为物与场。了解传统的检漏方式是人工观察，在这种技术体系中，"润滑油""氟利昂"是物质，但相互作用的物质与场没有构成完整的物场，因此传统检漏方式是一种原始的非物场体系。本课题运用物场分析，主要是将非物场体系补建成非人工检测泄漏的完全物场体系。

（3）完全物场体系的建立。根据物场三要素的条件，思考方向集中在寻找与润滑油泄漏有作用关系的物质及起联系作用的技术场。经收集有关机械故障检测方面的信息，决定建立图2－20所示的完全物场体系。

在图2－20所示的物场体系中，引进了荧光粉这一物质和紫外线辐射场这一物理场。其工作原理：将掺有荧光粉的润滑油注入冷冻机，在暗室里用紫外光照射冷冻机，根据通过密封不严处渗漏出的润滑油中荧光粉发出的光来确定渗漏部位。根据这一技术原理可以开发设计出冷冻机渗漏自动检测装置。

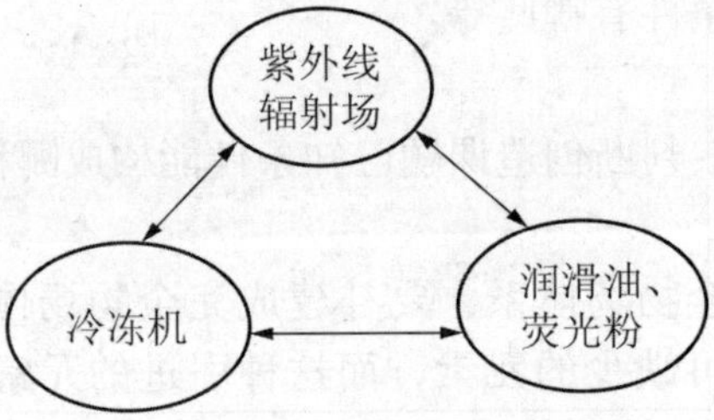

图2－20　冷冻机检测物场体系

例2：燃气除尘器。燃气轮机中，为从燃气中消除非磁性尘粒，需要使用过滤器。传统的过滤器由许多层金属网构成，虽能够阻挡尘粒，但滤网清洗非常困难。清洗时，必须经常将滤网拆散，长时间向相反方向鼓风，才能使网上尘粒脱去。应用物场分析原理提出新的燃气除尘器设计方案。

（1）物场分析。根据课题给出的条件，可描述出一个完全物场体系（图2－21）。这个物场虽属完全物场体系，但其功效并不令人满意，需对此进行改造。

（2）旧物场体系的改造。采用置换场和物质的办法来改造旧物场体系，具体做法是用电磁场来取代机械场（空气流场），用铁磁性颗粒代替金属网。这样，得到新的物场体系，如图2－22所示。新物场体系的工作原理：利用铁磁性颗粒作为过滤物质，它处于磁极中间并形成多孔隙结构，切断或接通电磁场可以有效地控制过滤器的孔隙。当需“捕捉”尘粒时，过滤器孔可缩小；而在清洗时，过滤器孔可以放大。改变磁场强度，便可控制铁磁性颗粒的密度。根据这一技术原理可以设计新的燃气除尘器。

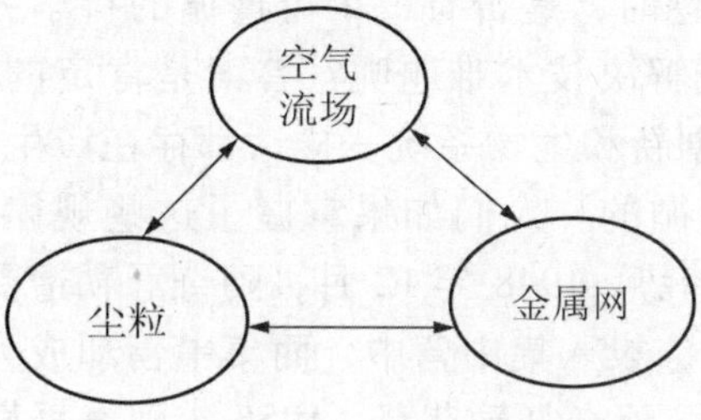

图2－21　除尘器物场体系

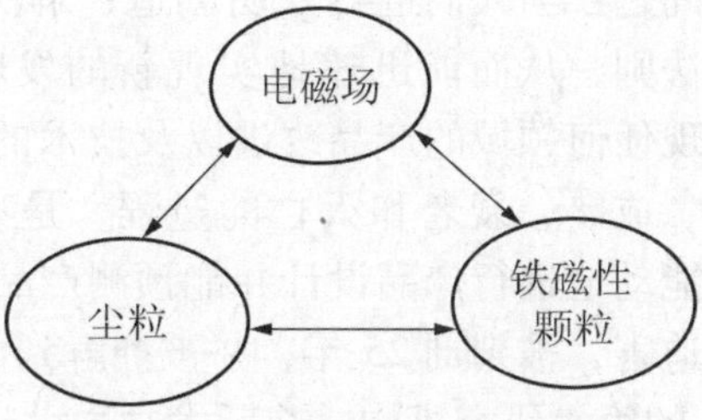

图2－22　除尘器新物场体系

2.6　TRIZ创造原理

2.6.1　TRIZ的起源

TRIZ意译为发明问题的解决理论。在苏联正式解体之前，TRIZ一直是苏联的国家机密，在军事、工业、航空航天等领域均发挥了巨大作用，成为创新的“点金术”，让西方发达国家一直望尘莫及。随着苏联的解体，大批TRIZ专家移居欧美等发达地区，将TRIZ传播到美国、欧洲、日本、韩国等地，TRIZ才被世人所知。TRIZ是怎么诞生的？这要从TRIZ之父、苏联发明家根里奇·阿奇舒勒（Genrich S. Altshuler）说起。

根里奇·阿奇舒勒（图2－23），1926年10月15日出生于苏联的塔什罕干，他在阿塞拜疆的首都巴库居住了很多年，是苏联伟大的科学家。阿奇舒勒在14岁时就获得了首个专利证书，专利作品是水下呼吸器。15岁的时候，他制作了一艘船，船上装有使用碳化物作燃料的喷气发动机。1946年开始，经过研究成千上万的专利，阿奇舒勒发现了发明背后存在的模式并形成TRIZ的原始基础。为了验证这些理论，他相继做出了多项发明，比如：发明获得苏联发明竞赛一等奖的排雷装置，发明船上的火箭引擎，

图2－23　根里奇·阿奇舒勒

发明无法移动潜水艇的逃生方法等。多项发明被列为军事机密，阿奇舒勒也因此被安排到海军专利局工作。

在海军专利局处理世界各国著名的发明专利过程中，阿奇舒勒总是思考这样一个问题：当人们进行发明创造、解决技术难题时，是否有一个可遵循的科学方法和法则，从而能迅速地实现新的发明创造或解决技术难题呢？答案是肯定的。他发现任何领域的产品改进以及技术的变革、创新和生物系统一样，都存在产生、生长、成熟、衰老和灭亡的过程，是有规律可循的。人们如果掌握了这些规律，就能能动地进行产品设计并能预测产品的未来趋势。1948 年 12 月，阿奇舒勒遭受政治迫害，被判刑 25 年，并被押解到西伯利亚，投入集中营中，而集中营却成为 TRIZ 的第一研究机构。在斯大林去世一年半后，阿奇舒勒获释。1956 年阿奇舒勒在《心理学问题》杂志上发表了《发明创造心理学》一文，轰动了苏联的科技界，为发明创造开辟了新的天地。1961 年阿奇舒勒出版了第一本有关 TRIZ 理论的著作——《怎样学会发明创造》。阿奇舒勒经过研究发现，有 15 000 对技术矛盾可以通过运用基本原理相对轻易地解决。他说："你可以等待 100 年获得顿悟，也可以利用这些原理花 15 分钟解决问题。"在以后的时间中，阿奇舒勒致力于 TRIZ 理论的研究和完善，他于 1970 年一手创办的一所进行 TRIZ 理论研究和推广的学校后来培养了很多 TRIZ 应用方面的专家。在阿奇舒勒的领导下，由苏联的研究机构、大学、企业组成的 TRIZ 研究团体，分析了世界近 250 万份高水平的发明专利，总结出各种技术发展进化遵循的规律模式，以及解决各种技术矛盾和物理矛盾的创新原理和法则，建立了一个由解决技术、实现创新开发的各种方法、算法组成的综合理论体系，并综合多学科领域的原理和法则，建立起 TRIZ 理论体系。TRIZ 理论和方法加上计算机辅助创新（computer aided innovation，CAI）已经发展成为一套解决新产品开发实际问题的成熟理论和方法体系，如今已在全世界被广泛应用。TRIZ 可以轻易地解决那些"看似不可能解决的问题"并形成专利，提升企业的核心竞争力，使企业从"跟随者"快速成为行业技术的"领跑者"。

从 1985 年开始，早期的 TRIZ 专家中的一部分移居到欧美等地，从而促进了 TRIZ 理论在全世界范围内的传播。1989 年，阿奇舒勒集合了当时世界上数十位 TRIZ 专家，在彼得罗扎沃茨克（Petrozavodsk）建立了国际 TRIZ 协会，由阿奇舒勒担任首届主席。国际 TRIZ 协会从建立至今一直是 TRIZ 理论最权威的学术研究机构，目前它在全球 10 多个国家和地区拥有 30 余个成员组织，共拥有数千名 TRIZ 专家。

我国将创新提升为国家发展的首要政策，各个企业和机构对创新的强烈愿望急需理论和工具的支持。遍寻世界各种创新理论，唯 TRIZ 独秀于林。

2.6.2　TRIZ 的发展

自阿奇舒勒提出 TRIZ 以来，国外就一直比较注重 TRIZ 的研究、教育和实践工作。

苏联把注重国民创新能力的开发载入宪法中，并在大学中开设“科学研究原理”“技术创造原理”等相关创新课程，以提高学生的创新思维能力。

从 20 世纪 60 年代末开始，苏联建立了各种形式的发明创造学校，成立了全国性和地方性的发明家组织，在这些组织和学校里，可以试验解决发明课题的新技巧，并使它们更加有效。当时，苏联在 80 座城市里，大约有 100 所这样的学院及学校在运转着。每年都有几千名科学工作者、工程师和大学生在学习 TRIZ 理论。其中，最著名的就是 1971 年在阿塞拜疆创办的世界上第一所发明创造大学。事实上，苏联及东欧国家的科学家大都采用 TRIZ 进行发明创造工作，这些国家不仅在大学理工科开设 TRIZ 课程，甚至在中、小学阶段也采用 TRIZ 理论设计各科的教材教法。

在创新实践方面，苏联大力推广 TRIZ，从而使苏联在 20 世纪 70 年代中期专利申请量和批准量跃居世界第二，在冷战时期保持了对美国的军事力量平衡。

苏联解体后，TRIZ 系统地传入西方，在美、欧、日、韩等世界各地得到了广泛的研究与应用。目前，TRIZ 已成为最有效的创新问题求解方法和计算机辅助创新技术的核心理论。在俄罗斯，TRIZ 理论方法已广泛应用于众多高科技工程（特别是军工）领域；欧洲以瑞典皇家工科大学（KTH）为中心，集中十几家企业开始了实施利用 TRIZ 进行创造性设计的研究计划；日本从 1996 年开始不断有杂志介绍 TRIZ 的理论方法及应用实例；在以色列也成立了相应的研发机构；在美国也有诸多大学相继进行了 TRIZ 技术研究……世界各地有关 TRIZ 的研究咨询机构相继成立，TRIZ 理论和方法在众多跨国公司迅速得以推广。如今 TRIZ 已在全世界被广泛应用，创造出成千上万项重大发明。经过半个多世纪的发展，TRIZ 理论和方法已经发展成为一套解决新产品开发实际问题的成熟的理论和方法体系，并经过了实践的检验，为众多知名企业和研发机构创造了巨大的经济效益和社会效益。

目前 TRIZ 被认为是可以帮助人们挖掘和开发自己的创造潜能、最全面系统地论述发明创造和实现技术创新的新理论，被欧美等地的专家认为是“超级发明术”。一些创造学专家甚至认为阿奇舒勒所创建的 TRIZ，是发明与创新的方法，是 20 世纪最伟大的发明。

2.6.3　TRIZ 创造原理概述

在阿奇舒勒看来，解决发明创造问题的过程中，科学技术原理和法则是客观存在的，大量发明创造面临的基本问题和冲突（技术冲突和物理冲突）也是相同的，同样的技术创新原理和相应的解决问题方案会在后来的一次次发明创造中被反复应用，只是被使用的技术领域不同而已。因此，将那些已有的原理和知识进行提炼和重组，形成一套系统化的理论和解决问题的工具，即 TRIZ 创造原理，可以用来指导发明创造。TRIZ 创造原理的前提和基本认识：①产品或技术系统的进化是有规律可循的；②生产实践中遇到的工程冲突常常重复出现；③解决工程冲突的发明创造原理是可以掌握的；④其他领域的科学技术原理可解决本领域的技术问题。TRIZ 创造原理正是这些规律的综合，它可以加快人们创造发明的进程，而且能得到高质量的创新产品。借助 TRIZ 理论，创造者能够系统地分析问题，快速发现问题。

利用冲突，打破思维定势，拓宽思路，正确地发现产品或流程设计中需要解决的问题，以新的视角分析问题，根据技术进化规律预测发展趋势，找到具有创新性的解决方案，从而提高发明创造的成功率，缩短发明创造的周期，使得发明创造具有可预见性。TRIZ 创造原理的核心内容是技术系统进化原理和技术冲突解决原理。技术系统进化原理认为，技术系统一直处于进化之中，解决冲突是其进化的推动力。进化速度随技术系统一般冲突的解决而降低，使其产生突变的唯一方法是解决阻碍其进化的深层次冲突。技术冲突是发明创造过程中经常遇到的问题，也是最难解决的问题，可以说发明创造就是在解决技术冲突中产生的。当产品的一个技术特征参数的改进对另一技术特征参数产生负面影响时，就产生了技术冲突。例如，为了降低加速时的油耗，汽车底盘应有较小的质量；但为了保证高速行驶时汽车的稳定性，底盘又应有较大的质量。这就要求底盘同时具有大质量和小质量，对于汽车底盘设计来说就是技术冲突，解决该冲突是汽车底盘设计的一个重要问题。创造活动是通过消除技术冲突来创造性地解决问题的，而那些不存在技术冲突的问题，或采用折中方法可以解决的问题一般不属于创造发明的范畴。由于工程技术层面的冲突背后往往涉及物理量或物理效应之间的矛盾（如时间的长与短、温度的高与低、速度的快与慢等），因此，人们从物理学的视野出发将此类冲突称为物理冲突。相对而言，物理冲突比技术冲突更接近创造的原点，人们在消除技术冲突的过程中，往往通过分析将技术矛盾过渡到物理矛盾，然后在更高的物理层面内寻找创造性解决问题的原理或方法。

为了使 TRIZ 创造原理具有实用价值，阿奇舒勒等人提出了 40 条冲突解决原理，或称发明创造原理，见表 2－1。该发明创造原理列举了 40 种技术要求或物理效应，对其内涵进行了说明，并给出了典型的示例。对此进行检查核对，可以启迪思路，引导新的创造。

表2－1　发明创造原理

序号	名称	原理说明	原理应用示例
1	分割	①把一个物体分成相互独立的部分 ②把物体分成容易组装和拆卸的部分 ③提高物体的可分性	组合音响，组合式家具，模块化计算机组件，可折叠木尺，活动的百叶窗帘；花园里浇水水管可以接起来以增加长度；为不同材料的再回收设置不同的回收箱
2	提炼	①从物体中提炼产生负面影响（即干扰）的部分或属性 ②从物体中提炼必要的部分或属性	为了在机场驱鸟，使用录音机来放鸟的叫声；避雷针；用光纤分离主光源，增加照明点
3	改变局部	①将均匀的物体结构、外部环境或作用改变为不均匀 ②让物体不同的部分承担不同的功能 ③使物体的每个部分处于各自动作的最佳位置	将恒定的系统温度、湿度等改为变化的；带橡皮头的铅笔；瑞士军刀；多格餐盒；带起钉器的榔头
4	不对称	①将对称物体变成不对称 ②已经是不对称的物体，增强其不对称的程度	电源插头的接地线与其他线的几何形状不同；为改善密封性，将O形密封圈的截面由圆形改为椭圆形；为抵抗外来冲击，使轮胎一侧强度大于另一侧
5	组合	①在空间上将相同或相近的物体或操作加以组合 ②在时间上将相同的物件或操作合并	并行计算机多个CPU；冷热水混水器
6	多用性	使物体具有复合功能以替代其他物体的功能	工具车的后排座可以坐，靠背放倒后可以躺，折叠起来可以装货
7	嵌套	①把一个物体嵌入第二个物体，然后将这两个物体再嵌入第三个物体 ②让一个物体穿过另一个物体的空腔	椅子可以一个个折叠起来以利于存放；活动铅笔里存放笔芯；伸缩式天线

续表 2-1

序号	名称	原理说明	原理应用示例
8	重量补偿	①把一个物体与另一能提供上升力的物体组合，以补偿其重量 ②通过与环境的相互作用（利用空气动力、流体动力、浮力等）实现重量补偿	用氢气球悬挂广告条幅；赛车上增加后翼以增大车辆的贴地力；船舶在水中的浮力
9	预先施加反作用	①预先施加反作用力，用来消除不利影响 ②如果一个物体处于或将处于受拉伸状态，预先施加压力	给树木刷渗透漆以阻止腐烂；预应力混凝土；预应力轴
10	预选作用	①预置必要的动作、功能 ②把物体预先放置在一个合适的位置，以让其能及时地发挥作用而不浪费时间	不干胶粘贴；建筑通道里安置的灭火器；机床上使用的莫氏锥柄，方便安装和拆卸
11	预防	采用预先准备好的应急措施补偿系统，以提高其可能性	商品上加上磁条来防盗；备用降落伞；汽车安全气囊
12	等势	在势场内避免位置的改变，如在重力场内，改变物体的工况，减少物体上升或下降的需要	汽车维修工人利用维护槽更换机油，可免用起重设备
13	逆向作用	①使原来相反的动作达到相同的目的 ②让物体可动部分不动，而让不动部分可动 ③让物体（或过程）倒过来	采用冷却层而不是加热外层的方法使嵌套的两个物体分开；跑步机；研磨工件时振动工件
14	曲面化	①用曲线或曲面替换直线或平面，用球体替代立方体 ②使用圆柱体、球体或螺旋体 ③利用离心力，用旋转运动来代替直线运动	用表面之间的圆角；计算机鼠标用一个球体来传输 x 和 y 两个轴方向的运动；洗衣机甩干

续表 2-1

序号	名称	原理说明	原理应用示例
15	动态化	①在物体变化的每个阶段，让物体或环境自动调整到最佳状态 ②把物体的结构分成既可变化又可相互配合的若干组成部分 ③使不动的物体可动或自适应	记忆合金；可以灵活转动灯泡的手电筒；折叠椅；可弯曲的吸管
16	近似化	如果效果不能100%达到，稍微超过或小于预期效果会使问题简化	要让金属粉末均匀地充满一个容器，可将一系列漏斗排列在一起以达到金属粉末均匀的效果
17	多维化	①将一维变为多维 ②将单层变为多层 ③将物体倾斜或侧向放置 ④利用给定表面的反面	螺旋楼梯；多碟CD机；自动卸载车斗；电路板双面安装电子器件
18	机械振动	①使物体振动 ②提高振动频率，甚至达到超声区 ③利用共振现象 ④用压电振动代替机械振动 ⑤超声振动和电磁场耦合	透过振动铸模来提高填充效果和零件质量；超声波清洗；超声“刀”代替手术刀；石英钟；振动传输带
19	周期性作用	①变持续性作用为周期性（脉冲）作用 ②如果作用已经是周期性的，可改变其频率 ③在脉冲中嵌套其他作用以达到其他效果	冲击钻；用冲击扳手拧松一个锈蚀的螺母时，要用脉冲力而不是持续力；脉冲闪烁报警灯比其他方式效果更佳
20	利用有效作用	①对一个物体所有部分施加持续有效的作用 ②消除空闲或间歇性作用	带有切削刃的钻头随意进行正反向的切削；打印机打印头在来回运动时都打印
21	减小有害作用	采取特殊措施，减小有害作用	在切断管壁很薄的塑料管时，为防止塑料管变形就要使用极高速运动的切割刀具，在塑料管未变形之前完成切割

续表 2－1

序号	名称	原理说明	原理应用示例
22	变害为利	①利用有害因素，得到有利的结果 ②将有害因素相结合，消除有害结果 ③增大有害因素的幅度直至有害性消失	废物回收利用；用高频电流加热金属时，只有外层金属被加热，可用作表面热处理；风力灭火机
23	反馈	①引入反馈 ②若已有反馈，改变其大小或作用	闭环自动控制系统；改变系统的灵敏度
24	中介物	①使用中介物实现所需动作； ②临时将物体和一个易去除的物体结合	机加工钻头定位的导套；在化学反应中加入催化剂
25	自服务	①使物体具有自补充和自恢复的功能 ②利用废弃物和剩余能量	电焊枪使用时的焊条自动进给；利用发电厂废弃蒸汽取暖
26	复制	①使用简单、廉价的复制品来代替复杂、昂贵、易损、不易获得的物体 ②用图像替换物体，并可进行放大和缩小 ③用红外光或紫外光替换可见光	模拟汽车、飞机驾驶训练装置；测量高的物体时，可以用测量其影子的方法；红外夜视仪
27	廉价替代	用廉价、可丢弃的物体替换昂贵的物体	一次性餐具；一次性打火机
28	替代机械系统	①用声学、光学、嗅觉系统替换机械系统 ②使用与物体作用的电场、磁场或电磁场 ③用动态场替代静态场，用确定场替代随机场 ④利用铁磁粒子和作用场	机、光、电一体化系统；电磁门禁；磁流体

续表 2-1

序号	名称	原理说明	原理应用示例
29	用气体或液体	用气体或液体替换物体的固体部分	在运输易碎产品时，使用充气泡沫材料；车辆液压悬挂
30	柔性壳体或薄片	①用柔性壳体或薄片替代传统结构 ②用柔性壳体或薄片把物体从其环境中隔离开	为防止水从植物的叶片上蒸发，喷涂聚乙烯材料在叶片上，凝固后在叶片上形成一层保护膜
31	多孔材料	①使物体多孔或加入多孔物体 ②利用物体的多孔结构引入有用的物质和功能	在物体上钻孔减小质量；海绵吸水
32	改变颜色	①改变物体或其环境的颜色 ②改变物体或其环境的透明度和可视性 ③在难以看清的物体中使用有色添加剂或发光物质 ④通过辐射加热改变物体的热辐射性	透明绷带可以不打开绷带而检查伤口；变色眼镜；医学造影检查；太阳能收集装置
33	同质性	主要物体及与其相互作用的物体使用相同或相近的材料	使用化学特性相近的材料防止腐蚀
34	抛弃与修复	①采用溶解、蒸发、抛弃等手段废弃已完成功能的物体，或在过程中使之变化 ②在工作过程中迅速补充消耗掉的部分	子弹弹壳；火箭助推器；可溶药物胶囊；自动铅笔
35	改变参数	①改变物体的物理状态 ②改变物体的浓度、黏度 ③改变物体的柔性 ④改变物体的温度或体积等参数	制作酒心巧克力；液体肥皂和固体肥皂；连接脆性材料的螺钉加上弹性垫圈
36	相变	利用物体相变时产生的效应	使用把水凝固成冰的方法爆破
37	热膨胀	①使用热膨胀和热收缩材料 ②组合使用不同热膨胀系数的材料	装配过盈配合的孔隙；热敏开关

续表 2－1

序号	名称	原理说明	原理应用示例
38	加速氧化	①用压缩空气替换普通空气 ②用纯氧替换压缩空气 ③将空气和氧气用电离辐射进行处理 ④使用臭氧	潜水用压缩空气；利用氧气取代空气送入喷火器内，以获取更多热量
39	惰性环境	①用惰性环境替换普通环境 ②在物体中添加惰性或中性添加剂 ③使用真空	为防止棉花在仓库中着火，向仓库中充入惰性气体
40	复合材料	用复合材料替换单一材料	军用飞机机翼使用塑料和碳纤维形成的复合材料

2.6.4 TRIZ 创造原理的应用

应用 TRIZ 创造原理进行机械创新设计时，可以参考图 2－24 所示的基本进程模式。设计者首先对需要设计的“特定问题”进行分析，重点是发现设计中的技术冲突或物理冲突，通过检查核对发明创造原理表将特定问题转化为“通用发明创造问题”，在了解通用问题的通用解法过程中进行类比、移植和借鉴，在参考各

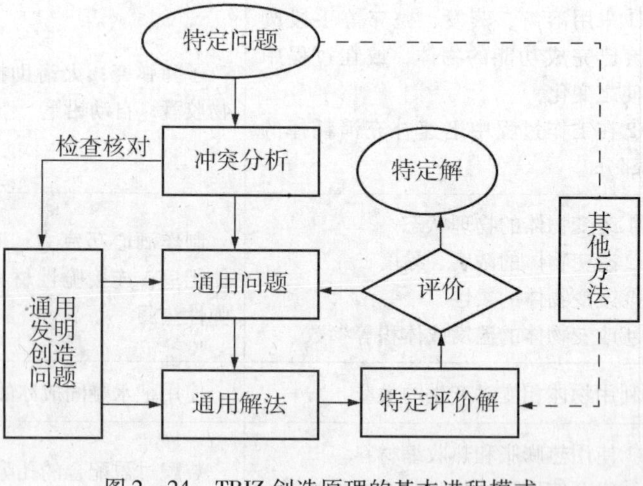

图 2－24　TRIZ 创造原理的基本进程模式

种已有专业知识和新技术的基础上，构思特定问题的创造性解决方法，经过技术可行性评价后，确定最终的特定解。对于复杂问题，仅仅应用一条发明创造原理是不够的，可能需要综合应用多条原理。值得指出的是，检查核对发明创造原理的作用不是去“套”用解法，而是借鉴原理的启示使原系统向着改进或创新的方向发展。在这一发展过程中，对问题的深入思考、创造性和经验都是需要的。假如所检查核对的发明创造原理都不满足要求，则可以对冲突进行重新定义并求解。

例如：新型扳手的设计。在实际应用中，标准的六角螺母常常会因为拧紧时用力过大或者使用时间过长，螺母外缘的六棱柱在扳手作用下被破坏。螺母外形被破坏后，使用传统的扳手往往无法作用于螺母。在这种情况下，需要一种新型的扳手来解决这一问题。

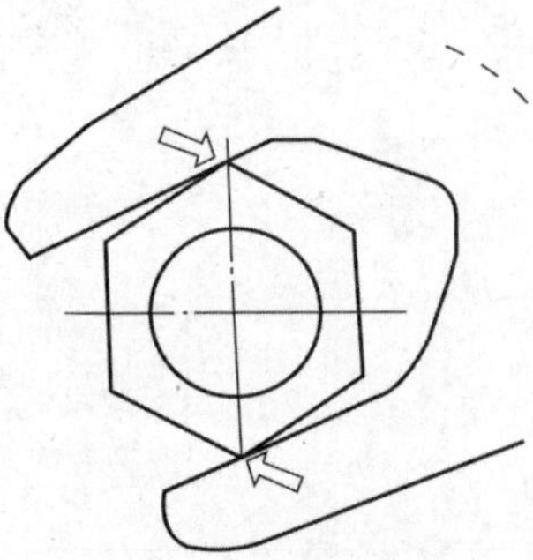

图2－25　传统扳手

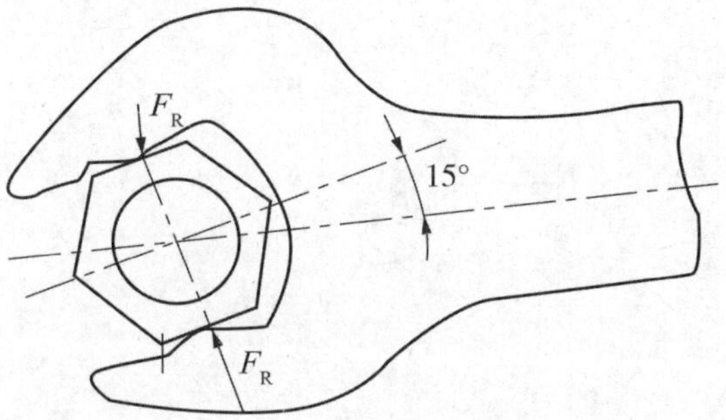

图2－26　新型扳手

（1）冲突分析。针对特定的新型扳手设计问题，首先需要进行冲突分析。传统扳手之所以会损坏螺母，其主要原因是扳手作用在螺母上的力主要集中于六角螺母的某两个角上（图2－25）。若想通过改变扳手形状来降低扳手对螺母的损坏程度，就可能会使扳手的结构变得复杂，制造工艺性下降。因此，新型扳手设计存在“降低损坏程度”与“增加制造复杂程度”的技术冲突。解决这一冲突是新型扳手设计的关键。

（2）利用发明创造原理求解。改变扳手形状是设计新型扳手的基本思路，但这种改变应当与解决技术冲突同时思考。求解时可以将特定问题转化为与形状相关的通用问题，并参考其通用解法。

如通过检核发明创造原理表，发现其中的“不对称”“曲面化”以及“减小有害作用”等原理可供参考，借鉴它们的通用解法并进行创新思考，可获得以下新思路：

①根据“不对称”原理，将传统扳手的对称钳口结构改为不对称结构；

②根据“曲面化”原理，将传统扳手上、下钳夹的两个平面改为曲面；

③根据“减小有害作用”原理，去除在扳手工作过程中对螺母有损坏的部位。

(3) 最终解决方案。

最终解决方案如图 2－26 所示。该设计可解决使用传统扳手时遇到的问题。当使用新型扳手时，螺母六棱柱的其中两个侧面刚好与扳手上、下钳夹的突起相接触，使得扳手可以将力作用在螺母的对应表面上。而六棱柱表面与扳手接触的棱边则刚好位于扳手的凹槽中，因而不会有力作用于其上，螺母不至于被损坏。

第3章　常用的创新技法

【知识点】

- 群体集智法
- 列举法
- 设问型创新法
- 组合创新法
- 联想类比法

【学习目标】

- 了解常用的创造技法
- 掌握常用创新技法的运用

人们通常把那些适用于科学发现和技术发明的技法称为创造技法，而把那些在创新过程中得到成功应用的技法称为创新技法或创造创新技法。创新技法是解决创新设计问题的创意艺术，是人们对创造性思维和创造理论加以具体化应用的技巧。本章介绍常用的创新技法，以启迪创新设计者的思路。

3.1　群体集智法

3.1.1　头脑风暴法

扫一扫，观看“头脑风暴法”

头脑风暴法（brain storming）又叫智力激励法或BS法，是指通过召开特殊的专题会议，对某一特定问题，与会成员之间互相交流、互相启迪、互相激励、互相修正、互相补充、集思广益，从而达到产生大量新设想的集体性发散技法。这是世界上最早付诸实践的创新技法。

3.1.1.1　遵循原则

有一年，美国北方格外严寒，大雪纷飞，电线上积满冰雪，大跨度的电线常被积雪压断，严重影响通讯。过去，许多人试图解决这一问题，但都未能如愿。

后来，美国电讯公司经理应用奥斯本发明的头脑风暴法，尝试解决这一难题。他召开了能让头脑卷起风暴的奥斯本座谈会，参加会议的是不同专业的技术人员，要求他们必须遵守以下四项基本原则：

第一，自由思考原则，即要求与会者尽可能地解放思想，无拘无束地思考问题并畅所欲言，不必顾虑自己的想法或说法是否“离经叛道”或“荒唐可笑”。

第二，延迟评判原则，即要求与会者在会上不要对他人的设想评头论足，不要发表“这主意好极了！”“这种想法太离谱了！”之类的“捧杀句”或“扼杀句”。至于对设想的评判，留在会后组织专人考虑。在传统会议上，人们习惯于对自以为不正确、不可行的设想迫不及待地提出批评意见或做出结论，这实际上是压制不同的想法，甚至还会扼杀具有创造性的萌芽方案。美国一些心理学家在试验的基础上发现，推迟判断在集体思考问题时可多产生 70% 的新设想，在个人思考问题时可多产生 90% 的新设想。

第三，以量求质原则，即鼓励与会者尽可能多而广地提出设想，以大量的设想来保证质量较高的设想的存在。通常，最初的设想不大可能是最佳的。有人曾用试验表明，一批设想的后半部分的价值要比前半部分高 78%。因此，奥斯本智力激励法强调与会者要在规定的时间内加大思维的流畅性、灵活性和求异性，尽可能多而广地提出有一定水平的新设想，以大量的设想来保证其质量。

第四，结合改善原则，即鼓励与会者积极进行智力互补，在增加自己提出设想的同时，注意思考如何把两个或更多的设想结合成另一个更完善的设想。

按照这种会议规则，大家七嘴八舌地议论开来。有人提出设计一种专用的电线清雪机；有人想到用电热来化解冰雪；也有人建议用振荡技术来清除积雪；还有人提出能否带上几把大扫帚，乘坐直升机去扫电线上的积雪。对于这种“坐飞机扫雪”的设想，大家心里尽管觉得滑稽可笑，但在会上也无人提出批评。相反，有一位工程师在百思不得其解时，听到用飞机扫雪的想法后，大脑突然受到冲击，一种简单可行且高效率的清雪方法冒了出来。他想，每当大雪过后，出动直升机沿积雪严重的电线飞行，依靠高速旋转的螺旋桨即可将电线上的积雪迅速扇落。他马上提出“用直升机扇雪”的新设想，顿时又引起其他与会者的联想，有关用飞机除雪的主意一下子又多了七八条。不到 1 小时，与会的 10 名技术人员共提出 90 多条新设想。

会后，公司组织专家对设想进行分类论证。专家们认为设计专用清雪机，采用电热或电磁振荡等方法清除电线上的积雪，在技术上虽然可行，但研制费用大，周期长，一时难以见效。那种因“坐飞机扫雪”激发出来的几种设想，倒是一种大胆的新方案，如果可行，将是一种既简单又高效的好办法。经过现场试验，发现用直升机扇雪真能奏效，一个久悬未决的难题，终于在头脑风暴会中得到了巧妙的解决。

从上例可见，所谓头脑风暴法，实际上是一种智力激励法。这种方法的英文是 brain storming，奥斯本借用这个词来形容会议的特点是让与会者敞开心扉，使各种设想在相互碰撞中激起脑海的创造性“风暴”。

3.1.1.2 基本步骤

1. 准备阶段

（1）确定会议主持人。合适的会议主持人对智力激励法的成功运作有很大作用，因此作为会议主持人应具备以下条件：

①熟悉智力激励法的基本原理和方法程序，有一定的组织能力；

②对会议所要解决的问题有明确的理解，能在会议中作启发诱导；

③能坚持智力激励会规定的原则，充分发挥智力激励作用机制，调动与会者的能动性；

④具有民主作风，能平等对待每位与会者，促使会议形成融洽气氛；

⑤能灵活处理会议中出现的各种情况，以保证会议按预定目标顺利进行。

（2）确定会议主题。由会议主持人和问题提出者共同研究，准确定位本次会议所讨论的主题。由于智力激励法适合解决目标单一的问题，因此对涉及面较广或包含因素较多的复杂问题应进行分解，使会议主题目标明确，这样才容易使与会者思维发散、共振和互补。

（3）确定与会人数。

①智力激励会的人数以 5 ～ 15 人为宜。人数过多，无法保证与会者有充分发表设想的机会，使思维目标分散而降低激励效果；人数过少，会造成专业面过分狭窄，达不到为解决问题所需的不同专业知识的互补，难以形成信息碰撞和思维共振的环境和气氛，同时也容易因缺乏足够的思考与联想时间而造成冷场，从而影响智力激励的效果。

②人员的专业构成：应保证大多数与会者都是熟悉专业的行家，但并非局限于同一专业，要注意与会者知识结构的多样性。也要有少量外行参加，有利于相关学科的交叉融合，克服思维定势障碍。

③人员的智力水准：应尽可能注意智力激励会具体参加者等级的同一性，即知识水准、职务、资历、级别等应大致相近。

④尽量吸收有丰富实践经验的人参加，确定数名在提出设想方面才能出众者作为激励会的核心，然后再视情况配备其他与会人员。

（4）确定举行会议的地点和日期。

应提前几天将会议通知下达给与会者，使他们在思想上有所准备，可提前酝酿解决问题的设想。会议通知以书面形式为好，内容包括两方面：一是会议时间和地点；二是要解决的问题及背景。最好附上几条对议题的提示或设想。

2. 热身阶段

智力激励会安排与会者"热身"的目的是使与会者尽快进入"角色"，使他们暂时忘却个人的工作和私事，形成轻松、热烈的气氛。通常通过做智力游戏、看有关创造方面的录像、回答脑筋急转弯问题、猜谜语、讲幽默故事等使与会者思维活跃起来，进入"临战状态"。

3. 明确问题阶段

在此阶段，主持人首先向与会者说明会议必须遵守的四项基本原则，然后简明扼要地介绍问题，并简单讨论一下，使与会者对会议所要解决的问题获得比较一致、准确的理解，从而能有的放矢地进行创造性思考。所谓简明扼要，是指主持人只向与会者提供有关问题的最低数量的信息，切忌将自己的初步设想也和盘托出，形成条条框框，束缚与会者的思路。因此，主持人只需点出问题的实质，选择有利于激发大家热情和开拓大家思路的方式；还可以将问题分解成不同因素，并从多角度提出问题。

一旦与会者对所议问题的目标理解后，会议即可转入下一个阶段。

4. 自由畅谈阶段

这是智力激励法的核心步骤，也是能否成功的最关键阶段。该阶段应极力形成高度激励的气氛，使与会者能突破心理障碍和思维定势，让思维自由驰骋，提出大量有价值的创造性设想。

在自由畅谈阶段，除了必须遵守的前述四项原则外，还要遵守下述规定：

（1）不准私下交谈和代表他人发言，始终保持会议只有一个中心；

（2）不应以权威或群体意见的方式妨碍他人提出个人的设想；

（3）应力求简明扼要地表述设想，且每次只谈一个设想，以有利于该设想引起与会者的共振和受到启发；

（4）所提设想不分高低，一律记录；

（5）与会者不分职位高低，一律平等对待。

自由畅谈阶段的时间可由主持人灵活掌握，一般以不超过1小时为宜。通过此阶段，对所要解决的问题多数都会提出30条以上的设想，由此即可转入下一阶段的工作。

5. 加工整理阶段

智力激励会结束后，主持人应组织专人对各种设想进行分类整理，筛选出具有实用价值的设想。因为在激励会上提出的设想大都未经仔细考虑和评价，有待进一步完善。该阶段的任务和做法如下：

（1）增加和补充设想。在畅谈会的第二天，由主持人或秘书用电话或面谈的方式收集与会者在会后产生的新设想。这是不可忽视的一步，因为通过会后休息，人们的思路往往会有新的突破或转换，有可能产生新的有价值的设想。奥斯本就曾发现：在第一天的激励会上提出了百余条设想，第二天又增补了 20 多条设想，其中有 4 条设想比第一天提出的所有设想都更有实用价值。

（2）评价和发展设想。评价设想和发展设想是相互联系的两个方面。对与会者提出的各种设想，既要进行筛选评判，又要进行综合完善。为便于筛选和评价设想，最好先拟定一些评价指标，如设想是否可行，结构是否简单，工艺是否可行，费用是否节省。具体拟定哪些指标，要根据问题本身的性质和解决问题的要求来决定。

参与评价和发展设想的人员，可以是设想的提出者，也可以是对问题本身负有责任的人。一般情况下人数应该为奇数，经验证明 5 人或 7 人为最佳人数。在美国，这一工作委托专家或问题提出者来处理；在日本，则多是召开第二次会议，由设想提出者自己来进行群体评议，以省去对设想做重复说明的麻烦。

对筛选评价出来的设想，必须逐一进行分析、比较、发展、完善，做到优中选优。可以一个方案为主，吸收采纳其他方案的长处形成新的设想；或以两个或多个方案进行集成，优势互补，组合成新的方案。

智力激励法可以造成自由探讨、相互激励的气氛，但其程序并非一成不变，可根据问题性质和实际条件加以变化和灵活运用。

3.1.2　书面集智法

扫一扫，观看
“书面集智法”

智力激励法传入德国后，根据德意志民族爱沉思的性格，德国人鲁尔巴赫提出“默写式”头脑风暴法。其基本原理与奥氏智力激励法相同，不同的是：通过填写卡片的方法来实现，而不是通过“畅谈”来实现。该法规定：每次会议由 6 人参加，每个人在 5 分钟内提出 3 个设想，然后传递给相邻的人。每个人接到卡片后，在第二个 5 分钟再写 3 个设想，然后再传递出去。如此传递 6 次，半小时即可进行完毕，可产生 108 个设想。所以又称为“635”法。

头脑风暴法虽规定严禁评判，提倡自由奔放地提出设想，但有的人对于当众说出见解犹豫不决，有的人不善于口述，有的人见别人已发表与自己的设想相同的意见就不发言了。而“635”法可弥补这种缺点。

1. “635”法的具体操作步骤

（1）与会的 6 个人围绕环形会议桌坐好，每人面前放有一张画有 6 个大格 18 个小格（每一大格内有 3 个小格）的纸。

（2）主持人公布会议主题后，要求与会者对主题进行重新表述。

（3）重新表述结束后，开始计时，要求在第一个 5 分钟内，每人在自己面前纸上的第一个大格内写出 3 个设想，设想的表述应尽量简明，每一个设想写在一个小格内。

（4）第一个 5 分钟结束后，每人把自己面前的纸顺时针（或逆时针）传递给左侧（或右侧）的与会者，在紧接的第二个 5 分钟内，每人再在下一个大方格内写出自己的 3 个设想；新提出的 3 个设想，最好是受纸上已有的设想所激发的，且又不同于纸上的或自己已提出的设想。

（5）按上述方法进行第三至第六个 5 分钟，共用时 30 分钟，每张纸上写满了 18 个设想，6 张纸共 108 个设想。

（6）整理归纳这 108 个设想，找出可行的、先进的解题方案。“635”法的优点是能弥补参会者因地位、性格的差别而造成的压抑；缺点是因只是自己看和自己想，激励不够充分。

2.“635”法的注意事项

（1）与会者之间不能交流，思维活动可自由奔放。

（2）由 6 个人同时进行作业，可产生更高密度的设想。

（3）可以参考他人写在传送到自己面前的卡片上的设想，也可改进或加以利用。

（4）不因参加者地位上的差异，以及内向的性格而影响意见的提出。

（5）卡片的尺寸相当于 A4 纸张，上面画有横线，每个方案有 3 行，分别加上 1～3 的序号。

3.2 列举法

列举法通过把与解决问题的相关要素逐一罗列出来，将复杂的事物剖析分解后分别进行研究，帮助人们感知问题的方方面面，从而寻求合理的解决方案。在列举法的运用中，根据所依据的基本原理不同，可以划分为特性列举法、缺点列举法、希望点列举法三类，下面分别进行介绍。

3.2.1　特性列举法

扫一扫，观看“特性列举法”

3.2.1.1　特性列举法的基本原理

特性列举法是由美国创造学家克拉福德教授研究总结而成，是一种基于任何事物都有若干特性，将问题化整为零，有利于产生创造性设想等基本原理而提出的创新技法。运用特性列举法首先要把研究对象的主要属性逐一列出，通过进行详细分析，然后探讨能否进行改革或创新。一般来说，要着手解决的问题越小，越容易获得创新的成功。

将事物按名词特性、形容词特性、动词特性化整为零，有利于集中精力思考创意。

例如：要改革烧水用的水壶，可以把水壶按名词特性、形容词特性、动词特性化整为零。

名词特性包括：

整体：水壶。

部分：壶嘴、壶柄、壶盖、壶身、壶底、气孔。

材料：铝、铁皮、铜皮、搪瓷等。

制造方法：冲压、焊接。

形容词特性包括：

颜色：黄色、白色、灰色。

重量：轻、重。

形状：方、圆、椭圆、大小、高低等。

动词特性包括：装水、烧水、倒水、保温等。

将这些特性分别予以研究，只要革新其中一个或几个部分，就可以导致水壶整体性能的改变。

3.2.1.2　特性列举法的操作步骤

运用特性列举法开展创新活动，一般可按以下三步进行。

1．确定研究对象

运用特性列举法开展创新活动应当选择一个比较明确的创新课题，课题宜小不宜大，如果课题较大应将其分解成若干小课题。

例如：对电风扇进行创新，由于电风扇课题的涉及面太大，难以把握。所以应将电风扇分成各种要素（如电动机、扇叶、立柱、网罩、风量、外形和风速等），然后再逐个地研究改进办法，或只要革新其中一个或几个部分，就可以导致电风扇整体性能的创新。

2. 列举研究对象的特性

列举研究对象的特性如表 3－1 所示。

表 3－1　列举研究对象的特性

特征名称	特征	举例：水壶
名词特性	材料、整体、部分、制造方法等	整体：水壶；部分：壶嘴、壶柄、壶盖、壶身、壶底、气孔等
形容词特性	颜色、形状、大小等	颜色：黄色、白色、灰色；重量：轻、重；形状：方、圆、椭圆；大小；高低等
动词特性	机能、作用、功能等	装水、烧水、倒水、保温等

3. 分析鉴别特性，提出创新方案

从各个特性出发，分析鉴别本质与非本质特性，通过提问，诱发出革新或完善本质特性的方案。比如，前面提到的要革新烧水用的水壶，根据名词特性可以提出：壶嘴是否太长？壶柄能否改用塑料？壶盖能否用冲膜压制？怎样使焊接处更牢固？是否能用更优良、更廉价的材料？气孔能否移到别处？根据形容词特性可以提出：怎样使造型更美观？怎样使重量更轻？如果在动词特性上想办法可以提出：怎样倒水更方便？怎样烧水更节能？怎样改进更保温？

这一思路的创新成果：这种壶的气孔设在壶口，水烧开后产生蒸汽会自动鸣笛，而壶盖上无孔，提壶时不会烫手。

3.2.2　缺点列举法

3.2.2.1　缺点列举法的基本原理

世界上任何事物不可能十全十美，总存在这样或那样的缺点。如果有意识地列举分析现有事物的缺点，并提出改进设想，便可能创造出新的事物，相应的创新技法就叫作缺点列举法。

扫一扫，观看“缺点列举法”

缺点列举法的基本原理是：任何事物总有缺点，而人们总是期望事物能至善至美。这种客观存在着的现实与愿望之间的矛盾，是推动人们进行创造的一种动力，也是运用缺点列举法创新的客观基础。列举缺点就是提出创新课题。

运用缺点列举法在于发现事物的缺点，挑出事物的毛病。尽管任何事物都有缺点，但是并不是所有的人都会去寻找缺点。人的心理惰性往往造成一种心理障碍，认为现在的事物能达到如此水平和完善程度已差不多了。既然对现有事物比较满意，也就不愿去发现缺点，更不用说通过改进去创造了。因此，运用缺点列举法时，要有追求卓越的心理基础。

缺点列举法可以直接从社会需要的功能、审美、经济、实用等角度研究对象的缺点，提出切实有效的改进方案，因此简便易行且见效快。在群众中以及企业中最容易普及、最容易出成果的发明创新技法就是缺点列举法。

3.2.2.2 缺点列举法的操作步骤

1. 确定改进对象

缺点列举法的创新根据在于消费者对某个已有物品的求优需求。因此，对已有物品求优需求的调研是确定改进对象的基础。例如，对家用洗衣机改进的确定，首先得了解消费者对洗衣机的求优愿望。

2. 列举改进对象的缺点

列举缺点时，应正确运用检核思维，把重点放在以下四个方面：

一是列出核心缺点，即现有物品的功能或职能是否能满足消费者的基本愿望，挑出功能性缺点。

二是列出形式缺点，即现有物品的质量水平、设计风格、包装和品牌等方面的不足，挑出形式性缺点。

三是列出延伸缺点，即现有物品进入市场变成商品后，在销售服务等方面存在的问题，挑出影响消费者利益的延伸性缺点。

四是列出隐性缺点，即现有物品不易被人察觉的非显性缺点。在某些情况下，发现隐性缺点比发现显性缺点更有创新价值，因为针对隐性缺点改进设计，所产生的市场价值更大。

3. 分析鉴别缺点

运用缺点列举法的目的不在列举，而在改进，提出改进方案这一步骤一般有两种思路：一是针对某种缺点进行改进设计；二是应用逆向思维思考某种缺点能否成为另一种优点（缺点逆用法）。

也可以采用缺点列举会法。所谓缺点列举会，是一种专挑毛病的定向分析会。召开缺点列举会是充分揭露事物缺点的有效方法。应用这种技法的一般步骤如下：

（1）由会议主持者根据创造活动需要，确定列举缺点的对象和目标。

（2）确定会议人员（一般为5～10人），召开会议，发动与会者根据会议主题尽可能地列举缺点，并将缺点逐条写在预先准备好的小卡片上。

（3）对写在卡片上的缺点进行分类整理，确定主要的缺点。

（4）召开会议，研讨克服缺点的办法。

召开缺点列举会时，应注意会议时间不宜太长，一般在2小时之内。会议研讨的主题宜小不宜大。可以结合特性列举法针对事物特性列举缺点。

不同的缺点对事物特性或功能的影响程度不同，比如电动工具的绝缘性能差，较之其质量偏大、外观欠佳来说影响要大得多，因为前者涉及人身安全问题。分析鉴别缺点，首先要从产品功能、性能、质量等影响较大的缺点出发，使提出的新设想、新建议或新方案更有实用价值。

在缺点表现方面，既要列举那些显而易见的缺点，更要善于发现那些潜伏着的、不易被人觉察到的缺点。

例1：有人发现洗衣机存在着病菌传染的缺点，提出了开发具有消毒功能的洗衣机的建议；针对普通洗衣机不能分类洗涤衣物的缺点，开发设计出具有分类洗涤特点的三缸洗衣机。

例2：天津某毛纺厂生产了一种呢料，因其着色不均匀出现白点，影响了销路，该厂利用缺点逆用法变消灭白点为扩大白点，从而开发了新产品——雪花呢。通过分析鉴别缺点，无论是采用克服缺点或将缺点转化为优点，都要落实到改进设计方案上，即将模糊的创意转化为明确的、可以进行评价的新技术方案。

例3：带表游标卡尺的创造。游标卡尺（图3－1）是一种测量长度、内外径、深度的量具。读数时首先以游标零刻度线为准在尺身上读取毫米整数，即以毫米为单位的整数部分。然后游标上第几条刻度线与尺身的刻度线对齐，再按照公式：L＝整数部分＋小数部分－零误差，计算得到。这种游标卡尺的缺点是读数麻烦，效率低。后面有人针对这一缺点发明了带表卡尺，也叫附表卡尺，如图3－2所示。它是运用齿条传动齿轮带动指针显示数值，主尺上有大致的刻度，结合指示表读数，比游标卡尺读数更为快捷准确。

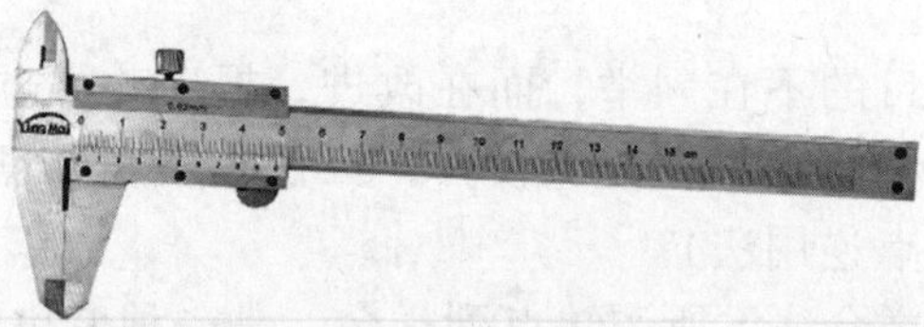

图3－1　游标卡尺

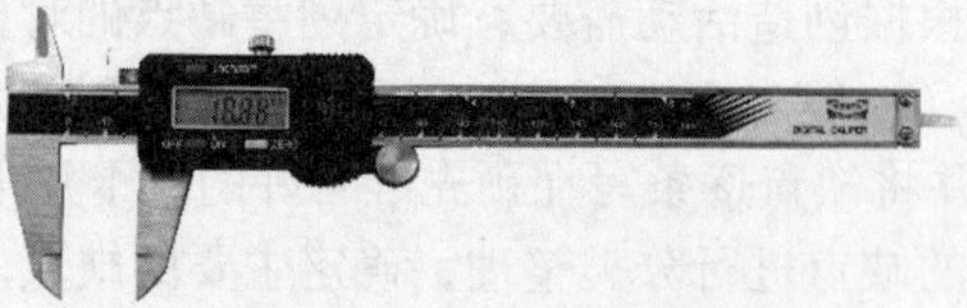

图3－2　带表卡尺

例4：列举电冰箱的潜伏式缺点可以提出若干创意。

(1) 列举潜伏式缺点。

电冰箱的潜伏式缺点可以通过创造性观察和思考来列举，重点是在使用电冰箱过程中产生的问题。比如：

①使用氟利昂，产生环境污染。

②冷冻生鲜食品带有李司德氏菌，可引起人体血液中毒、孕妇流产等。

③给电冰箱除霜，冰水易使人手的毛细血管及动脉迅速收缩，使血压骤升，造成“寒冷加压”现象，影响健康。

(2) 提出改正缺点的新设想。

①针对上述第一个缺点，进行新的制冷原理研究，开发不用氟利昂的新型冰箱。如国外研制出一种“磁冰箱”，这种电冰箱没有压缩机，采用磁热效应制冷，不用有污染的氟利昂介质。其工作原理：以镓等磁性材料制成小珠并填满一个空心圆环，当圆环旋转到冰箱外侧的半个环时受电磁场作用而放出热，转至冰箱内侧的半个环时则从冰箱内吸取热量，如此循环下去，即可保持冷冻状态。

②针对冷冻食品带菌问题，除从食品加工本身采取措施外，还可研制一种能消灭李司德氏菌及其他细菌的“冰箱灭菌器”，作为冰箱附件使用。

③对于“寒冷加压”问题，一方面是告诫血压高的人不要轻率地用手去除霜；另一方面，从自动定时除霜、无霜和方便除霜等角度改进冰箱的性能。

3.2.3　希望点列举法

3.2.3.1　希望点列举法的基本原理

希望点列举法始于社会需要，希望和需要是不可分割的。希望点列举法的基本原理是：需要和希望是创新之母，列举有需求价值的希望点可以形成创新课题。根据这一原理，希望点列举法是指从社会需要出发提出各种希望设想，列举希望新的事物具有的属性，以寻找发明目标的创新方法。

扫一扫，观看“希望点列举法”

市场上许多新产品都是针对人们的希望研制出来的：人们希望洗的衣服容易干，于是发明了甩干机；人们希望伞可以放进提包，于是发明了折叠伞；人们希望旅游物品轻便实用，于是发明了可用于录像的手机。

希望点列举法在形式上与缺点列举法相似，都是将思维收敛于某“点”而后又发散思考，最后又聚焦于某种创意。但是特征列举法和缺点列举法大多是围绕原来事物的不足加以改进，通常不触及原来事物的本质和总体，它们都属于被动型创新技法，一般只适用于对老产品或不成熟的新设想的改造，从而使其趋于完善。而希望点列举法很少或完全不受已有事物的束缚，是一种主动创造方式。

3.2.3.2 希望点列举法的操作步骤

1. 确定创新目标

希望点列举法的出发点是人们的需要和希望，应以满足社会的某种需要为依据来确定创新目标。比如，钢笔创新、雨伞创新、洗衣机创新、手机创新、空调创新、电脑创新等。

2. 列举创新目标的希望点

为了获得创新目标的希望点，可以召开希望点列举会，每次邀请5～10人参加。会前由主持人确定探讨的创新目标，会上围绕既定目标尽可能地列举各种希望。会后分类整理出希望点。对希望点的分类，可以按其特征分为理想型、超前型和幻想型三类。

理想型希望，是指希望现有事物尽可能完善，能达到人们心目中的理想化模式，如电灯泡长寿、节能、价格低廉；超前型希望，是超越现实的潜在欲望，如工薪阶层对家用轿车、别墅的期待；幻想型希望，则钟情于某种大胆的向往与寄托，如开发返老还童的药品、不耗能的机械等等。

3. 分析鉴别希望点，形成研制课题

分析鉴别希望点的作用，主要是形成发明创新的课题。许多希望并不是一种明确的研制任务，只有将它转化成研制课题后，运用希望点列举法实施创新的实质性工作才算开始。比如，希望有长寿灯泡，这种希望并不是实际课题，将这种希望转化为开发电子灯泡，使其达到长寿的性能要求，希望才成为明确的创新课题。将希望转化为研制课题，是运用希望点列举法的实质。

理想型希望、超前型希望、幻想型希望都有产生灵感和创意的可能，但获得的结果各有不同。列举理想型希望点，一般形成现实性课题，即对已有事物的改进、完善和优化，实施起来目标明确，能用的信息、资料较多，容易达到预期的目的。列举超前型希望点，实际上是瞄准潜在的需要下功夫，它可能是一种客观存在的，但人们尚未提到议事日程的潜在欲望，也可能是人们已经意识到但可望而不可即的期盼。在一定条件和时机下，潜在需要会凸显为现实需要。针对潜在需要进行发明创新，要有远见卓识，风险也较大。期望抢占市场制高点和成为领头羊的人往往对这种方法情有独钟。对于选择幻想型希望冥思苦想，得到的创意也是十分诱人的，但是否发展成现实成果则是个疑问。幻想能帮助人们解放思想，但也常常让人种下只开花不结果的智慧之树。

运用希望点列举法的创新性，集中表现在两方面：一是将希望转换为具有开发价值的新课题；二是设计出切实可行的新技术方案。一般的创意只有前一种创新性，而获得过发明创新成果的人，通常是两种创新性兼而有之。

例如：有一家制笔公司用希望点列举法产生出了一批改革钢笔的希望：希望钢笔出水顺利，希望绝对不漏水，希望一支笔可以写出两种以上的颜色，希望不沾污纸面，希望书写流利，希望能粗能细，希望小型化，希望笔尖不开裂，希望不用打墨水，希望省去笔套，希望落地时不损坏笔尖，等等。这家制笔公司从中选出“希望省去笔套”这一条，研制出一种像圆珠笔一样可以伸缩的钢笔，从而省去了笔套。

3.3　设问型创新法

创造活动离不开提出问题，但大多数人往往不善于提出问题。有了设问探求法，人们就可以克服不愿提问或不善于提问的心理障碍，从而为进一步分析问题和解决问题奠定基础。能够提出富有新意的问题，其本身就是一种创造。设问型创新法有很多，包括奥斯本检核表法、和田十二法、5W1H 法、系统提问法等。这里介绍奥斯本检核表法及和田十二法。

3.3.1　奥斯本检核表法

扫一扫，观看
“奥斯本检核表法”

奥斯本在他的著作《发挥创造力》中介绍了为数众多的创意技巧。后来，美国创造工程研究所从这本书中选择9个项目，编制出“新创意检核用表”，以此作为提示人们进行创造性设想的工具。借鉴这种工具，设问探求法也从表3－2中的9个方面进行分项检查核对，以促使设计者探求创意。奥斯本检核表法是设问法最为典型的创新技法，它具有设问法的基本特征。由于设问形式的表述能使答者处于较为自然、轻松的状态，给人以可以商量的感觉，往往对人启发较大，特别是对试探性的内容，用问句形式更为合理。

表3－2　新创意检核用表

序号	核查项目	含　义
1	能否他用	现有事物还有没有新的用途，或稍加改进能否扩大它的用途？
2	能否借用	能否借用别的经验？有无与过去相似的东西？能否模仿？
3	能否改变	现有事物能否改变，如意义、颜色、活动、音响、气味、式样、形状等能否作其他改变？

续表 3－2

序号	核查项目	含 义
4	能否扩大	现有事物可否扩大使用范围？能否增加使用功能？能否添加另外一些部件？能否延长它的使用寿命？能否增加强度、高度、长度、厚度、附加价值？
5	能否缩小	现有事物能否体积变小、长度变短、重量变轻、厚度变薄以及拆分或省略某些部分？能否浓缩化、微型化、方便化、短路化？
6	能否替代	现有事物能否用其他材料、元件、结构、方法、符号、声音等代替？
7	能否调整	可否更换条件？可否用其他的型号、其他设计方案、其他顺序？能否调整速度、程序等？
8	能否颠倒	现有事物能否从上下、左右、前后、主次、正负、因果等相反的角度颠倒过来用？
9	能否组合	能否进行原理组合、材料组合、部件组合、形状组合、目的组合？

奥斯本检核表法的操作步骤如下：

（1）根据创新对象明确需要解决的问题。

（2）根据需要解决的问题，参照表中列出的问题，运用丰富想象力，强制性地一个个核对讨论，写出新设想。

（3）对新设想进行筛选，将最有价值和创新性的设想筛选出来。

操作过程应注意以下事项：

（1）要联系实际一条一条地进行检核，不要有遗漏。

（2）要多检核几遍，效果会更好，或许会更准确地选择出所需创新、发明的方面。

（3）在检核每项内容时，要尽可能发挥自己的想象力和联想力，产生更多的创造性设想。进行检索思考时，可以将每大类问题作为一种单独的创新方法来运用。

（4）检核方式可根据需要，一人检核也可以，3～8 人共同检核也可以。集体检核可以互相激励，产生头脑风暴，更有希望创新。

例如：运用设问探求法求解灯的新概念，结果如表 3－3 所示。

表3-3　灯创新设计设问探求表

序号	设问项目	新概念名称	创意简要说明
1	有无其他用途	其他用途	信号灯、装饰灯
2	能否借用	增加功能	加大反光罩，增加灯泡亮度
3	能否改变	改一改	改灯罩、改小电珠和用彩色电珠等
4	能否扩大	延长使用寿命	使用节电、降压开关
5	能否缩小	缩小体积	1号电池→2号电池→5号电池→7号电池→8号电池→纽扣电池
6	能否替代	代用	用发光二极管代小电珠
7	能否重新调整	换型号	两节电池直排、横排、改变式样
8	能否颠倒	反过来想	不用干电池的手电筒，用磁电机发电
9	能否组合	与其他组合	带手电筒的收音机、带手电筒的时钟等

3.3.2　和田十二法

扫一扫，观看“和田十二法”

和田十二法是我国学者许立言、张福奎在奥斯本检核表法基础上，借用其基本原理，加以创造而提出的一种思维技法。它既是对奥斯本检核表法的一种继承，又是一种大胆的创新。比如，其中的“联一联”“定一定”等，就是一种新发展。同时，这些技法更通俗易懂，简便易行，便于推广。和田十二法利用信息的多元性来启发人们进行创新性设想，即指人们在观察、认识一个事物时，应考虑是否可以：

（1）加一加：加高、加厚、加多、组合等。

（2）减一减：减轻、减少、省略等。

（3）扩一扩：放大、扩大、提高功效等。

（4）变一变：变形状、颜色、气味、音响、次序等。

（5）改一改：改缺点、不便之处、不足之处。

（6）缩一缩：压缩、缩小、微型化。

（7）联一联：原因和结果有何联系，把某些东西联系起来。

（8）学一学：模仿形状、结构、方法，学习先进。

（9）代一代：用别的材料、方法代替。

（10）搬一搬：移作他用。

（11）反一反：能否颠倒一下。

（12）定一定：定个界限、标准，能提高工作效率。

如果按这十二个“一”的顺序进行核对和思考，就能从中得到启发，激发人们的创造性设想。“和田十二法”由于简洁、实用，深受中小学生及工人的欢迎，我国普及这种方法以来已取得了丰硕的成果，下面举一个实例进行说明。

例如：利用“加一加”进行创新：南京的小学生丛小郁发现，上图画课时，既要带调色盘，又要带装水用的瓶子，很不方便。她想，若能将调色盘和水杯“加一加”，变成一样东西就好了。于是，她提出了将可伸缩的旅行水杯和调色盘组合在一起的设想，并将调色盘的中间与水杯底部刻上螺纹，这样，可涮笔的调色盘便产生了。

3.4 组合创新法

在发明创造活动中，按照所采用技术的来源可将其分为两类：一类是在发明中采用全新的技术原理，称为突破型发明；另一类是采用已有的技术并进行重新组合，从而形成新的发明。从人类技术发展的历史中可以看出，进入19世纪50年代以来，突破型的发明在总发明数量中所占的比重在下降，而组合型发明的比重在增加。在组合中求发展，在组合中实现创新，这已经成为现代技术创新活动的一种趋势。

组合创新法是指按照一定的技术原理，通过将两个或多个功能元素合并，从而形成一种具有新功能的新产品、新工艺、新材料的创新方法。

人类在数千年的发展历程中积累了大量的各种技术，这些技术在其所应用的领域中逐渐发展成熟，有些已经达到相当完善的程度。这是人类的巨大财富。为实现某种新的功能，将这些成熟的技术进行重新组合，形成新的功能元素，这样的创新活动如能满足某种社会需求，则将是一种成功率极高的创新活动。

由于形成组合的技术要素比较成熟，使得应用组合法从事创新活动一开始就处于一个比较高的起点上，不需要花费较多的时间、人力和物力去开发专门的新技术，不要求发明者对所应用的每一种技术要素都具有高深的专门知识，所以应用组合法从事创新活动的难度相对较低。组合创新法的应用有利于群众性创造发明活动的广泛开展。

虽然组合创新法所使用的技术元素是已有的，但如果组合适当，它所实现的功能是新的，同样可以做出重大的发明。

例1：美国的“阿波罗”登月计划是20世纪最伟大的科学成就之一，但是“阿波罗”登月计划的负责人说，“阿波罗”宇宙飞船技术中没有一项是新的突破，都是现有技术的组合。

例2：1979年的诺贝尔生理学、医学奖获得者豪斯菲尔德是一位没有上过大学的普通技术工作者，他之所以能够发明“CT扫描仪”，并不是因为他对计算机技术和X射线照相术有很深的研究，而是因为他善于捕捉当时医学界对脑内疾病诊断手段的需求，通过将计算机技术和X射线照相术巧妙组合，实现了医学界一直梦寐以求的理想，并获得了崇高的荣誉。

每一项技术在其应用领域内都有它的初始用途，通过将其与其他技术要素的重新组合，扩大已有技术的应用范围，可以更充分地发挥已有技术的作用，在推动已有技术进步的同时，也推动社会的进步。

例3：最早的蒸汽机是为煤矿排水而发明的，随着蒸汽机技术的不断改进，应用领域也不断扩大。1790年人们将蒸汽机用于炼钢中进行鼓风，降低冶炼过程的燃料消耗；1803年美国发明家福尔顿将蒸汽机安装到船上，发明了以蒸汽机为动力的轮船；1914年英国发明家史蒂芬逊在继承前人成果的基础上，将蒸汽机技术与铁轨马车进行组合，制造了第一台实用的蒸汽机车。蒸汽机的应用从矿山排水发展到交通运输、冶金、机械、化工、纺织等一系列工业领域，使社会生产力以前所未有的速度和规模发展，形成了以蒸汽机的广泛使用为主要标志的工业革命。

例4：计算机最初是为了满足美国陆军计算炮弹弹道的需要而研制的。1945年底，世界上第一台电子计算机“埃尼阿克”研制成功，它重达30多吨，共使用了18 000多个电子管，计算速度为5 000次/s，将它用于弹道计算，运算速度是人的几千倍。但是人们还设想不出计算机的其他用途，当时一位计算机专家曾预言如果有四台计算机将能够满足全世界对计算机的需要。在其后的计算机发展过程中，人们不断地将计算机技术与其他科学及技术门类相结合，不但有力地促进了这些学科的发展与进步，而且促进了计算机技术本身的不断进步。现在，计算机技术已经与人们工作、生活的各个方面发生越来越多的联系，人们也越来越离不开计算机了。

组合创新法有多种形式。从组合的内容区分，有功能组合、原理组合、结构组合及材料组合等；从组合的方法区分，有同类组合、异类组合等；从组合的手段区分，有技术组合、信息组合等。现将部分常用组合方法简介如下。

3.4.1　功能组合法

扫一扫，观看“功能组合法”

功能组合法又称为强行关系法，将使用范围相同，但功能各异的两种或多种现有产品作为组合项，根据各组合项在其结构上的可共用性，将其不同的功能赋予一种新的结构，从而创造多功能的新技术、新产品的方法。有些商品的功能已被用户普遍接受，通过组合可以为其增加一些新的附加功能，从而适应更多用户的需求。

功能组合法是最常用的创意方法，许多发明都是据此而来。

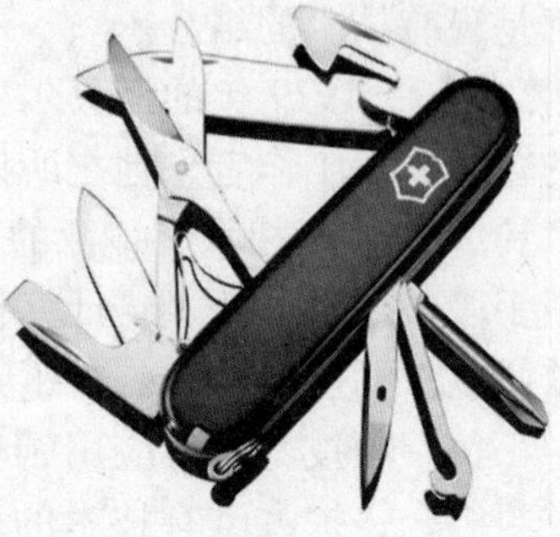

图3－3　瑞士军刀

例1：图3－3所示的瑞士军刀，是许多工具组合在一个刀身上的折叠小刀，由于瑞士军方为士兵配备这类工具刀而得名。

例2：海尔的氧吧空调在创意上就是普通空调与氧吧的组合。氧吧空调通过向室内补充氧气，解决人们在密闭房间因氧气浓度过低引起的疲劳、困倦、大脑供氧不足、皮肤缺氧老化等问题，创造了空调市场上差异化的竞争优势。

例3：多功能一体机是传真机、打印机、扫描仪等的组合。随着信息化和数字化的快速发展，办公自动化设备的种类也越来越多。在个人办公领域，传真机、打印机、扫描仪等各种独立的办公自动化设备不仅占用了大量个人桌面办公空间，而且总体拥有成本高，还可能因连接等问题引起诸多不便。SOHO（小型办公及家庭办公）要求新的办公设备能在有限的空间内实现尽量多的功能，且操作方便、快捷，达到省时、省钱、省力的目的，人们渴望有一种完全不同于过去的全新的办公设备。能够解决现代个人桌面办公全部需求的多功能一体机正是在这样的大背景下应运而生。

例4：自行车的主要功能是代步，通过在自行车上添加货架、车筐、里程表、车灯、后视镜等附件，使它同时具有载货、测速、照明、辅助观察等功能。

汽车设计中，人们也不断地为其添加雨刮器、遮阳板、转向灯、打火机、车载电话、收音机、空调机等附加装置，使汽车的功能更加完善。

3.4.2　同类组合法

将同一种功能或结构在一种产品上重复组合，满足人们更高的要求，这也是一种常用的创新方法。参与组合的对象在组合前后基本原理和结构一般没有根本的变化。同类组合创造的产品往往具有组合的对称性或一致性的趋向，如双向拉锁、双排订书机、多缸发动机、双头液化气灶、双层文具盒、三面电风扇、双头绣花针、3000个易拉罐组合在一起的汽车、1000只空玻璃瓶

扫一扫，观看
“同类组合法”

组合在一起的埃菲尔铁塔等。再如以下例子：

例1：婴儿车是宝宝最喜爱的散步交通工具，更是妈妈带宝宝上街购物时的必需品。常用的婴儿车只有一个座位，而双胞胎婴儿车是专门为双胞胎家庭设计的，可以同时乘坐两名婴儿，方便父母外出。双胞胎婴儿车又分左右并排式双胞胎婴儿车和前后并排式双胞胎婴儿车。

例2：双人自行车的设计使两个人可以同时骑行，在具体结构上还分为双人前后骑自行车（图3－4）和双人左右骑自行车。

例3：智能手机的使用改变了我们的生活方式，可不同品牌的智能手机数据充电线不能完全互换，给用户带来诸多不便，有公司就发明了一拖十USB的多功能充电数据线（图3－5）。

图3－4 双人自行车

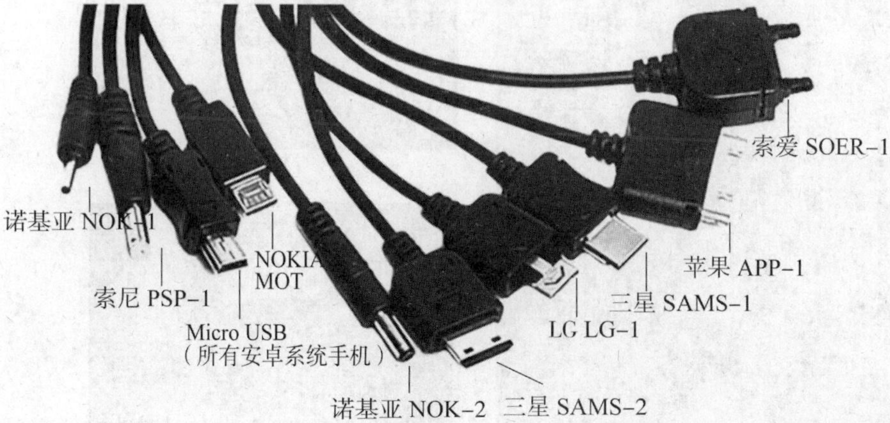

图3－5 一拖十USB的多功能充电数据线

3.4.3 异类组合法

异类组合法又称异物组合法，是指将两种或两种以上的不同种类的事物组合，产生新事物的技法。这种技法是将研究对象的各个部分、各个方面和各种要素联系起来加以考虑，从而在整体上把握事物的本质和规律，体现了综合就是创造的原理。

扫一扫，观看“异类组合法”

人们在从事某些活动时，会遇到同时有多种需要的情况，如果将能够满足这些需求的功能组合在一起，形成一种新的商品，使得人们在从事活动时不会因为缺少其中某一种功能而影响活动的进行，会使人们的工作、学习、生活更加方便，同时商品生产者也将获得相应的利益。

例1：沙发床平时放置在客厅或书房，充当座椅；客人来临的晚上，展开沙发床，铺上被褥就是一张睡床。沙发床的设计将座椅和睡床两种功能合二为一，节省了对室内空间的占用。

例2：老年人外出行走时需要拐杖，坐下休息时需要凳子，有一种带有折叠凳子的拐杖使老年人外出很方便。第二届全国大学生机械创新设计大赛，有同学就设计出了如图3－6所示的多功能折叠拐杖。

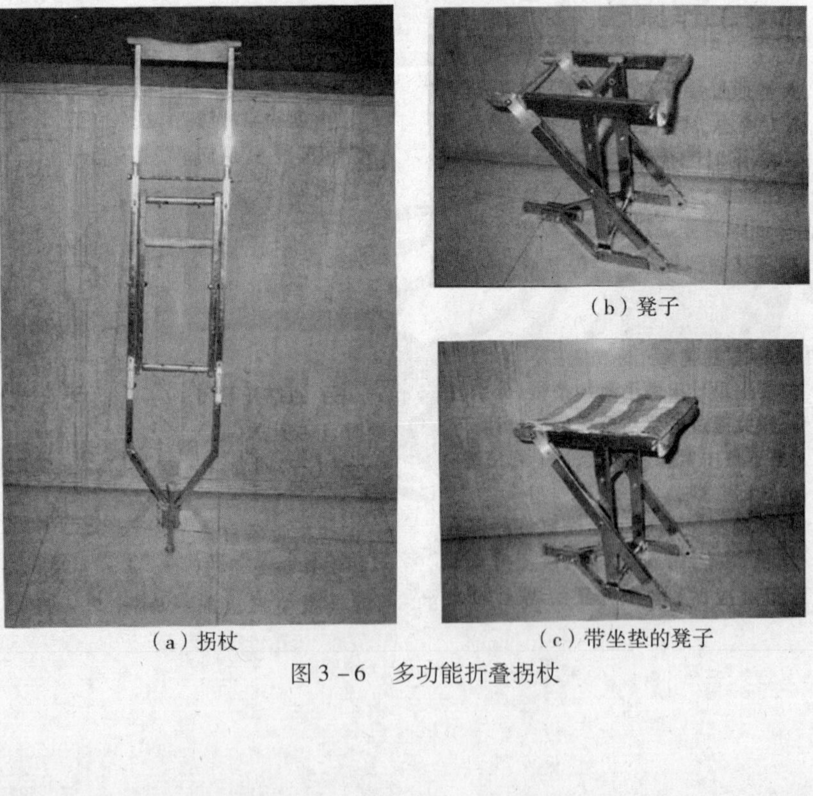

（a）拐杖　（b）凳子　（c）带坐垫的凳子

图3－6　多功能折叠拐杖

有些不同的商品具有某些相同的成分，将这些不同的商品加以组合，使其共用这些相同成分，可以使总体结构更简单，价格更便宜，使用也更方便。

例3：收音机与录音机有些电路及大的元器件是相同的，将这两者组合，生产出的收录机的体积远低于二者的体积之和，价格也便宜了许多，方便了人们的生活。

例4：数字式电子表与电子计算器的晶体振荡器、显示器和键盘都可以共用，所以现在生产的很多计算器都具有电子表的功能，很多数字式电子表也具有计算器的功能。

例5：将冷冻箱与冷藏箱组合，使其共用制冷系统、温度控制系统及散热系统。

有些不同商品的功能人们不会同时使用，将这些不同时使用的商品功能组合在一起，通常可以起到节省空间、方便生活的作用。

例6：夏季人们需要使用空调，冬季则需要使用取暖器，冷暖空调将这两种功能组合在一起，既可共用散热装置和温度控制装置，又可以节省空间和总费用，还可省去季节变换时的保存工作。

例7：电子黑板是一种代替传统黑板的高科技电子产品。电子黑板集稳定可靠的红外线感应定位技术、液晶显示屏技术和计算机技术于一体。跟电子白板不同，电子黑板集成了投影机、电子白板、液晶电视、电脑等诸多办公设备功能，辅以特殊的书写软件，使信息处理更为方便，演示更为生动，不需要复杂的安装调试，降低了系统成本。

例8：谷歌眼镜（Google project glass）是谷歌公司开发的一款智能眼镜，该产品具有智能手机所能提供的各类服务。谷歌眼镜的外观类似一个环绕式眼镜，其中一个镜片具有微型显示屏的功能。眼镜可将信息传送至镜片，并且允许穿戴用户通过声音控制收发信息。谷歌眼镜由相机、扬声器、麦克风、棱镜组成，如图3－7所示。

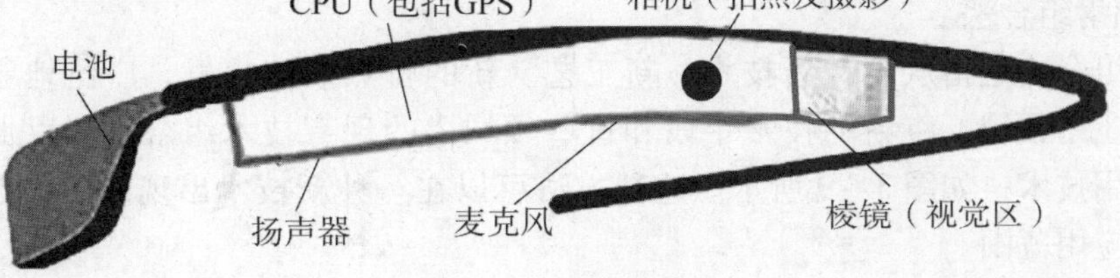

图3－7　谷歌眼镜

3.4.4 技术组合法

技术组合法是将现有的不同技术、工艺、设备等加以组合，形成解决新问题的新技术手段的发明方法。随着人类实践活动的发展，在生产、生活领域中的需求也越来越复杂，很多需求都远不是通过一种现有的技术手段所能够满足的，通常需要使用多种技术手段的组合来实现一种新的复杂技术功能。技术组合方法可分为聚焦组合方法和辐射组合方法。

扫一扫，观看“技术组合法”

1. 聚焦组合法

聚焦组合法是指以待解决的特定问题为中心，广泛地寻求与解决问题有关的各种已知的技术手段，最终形成一种或多种解决这一问题的综合方案，如图 3－8 所示。在应用这种方法的过程中，关键是寻求技术手段的广泛性，要尽量将所有可能与所求解问题有关的技术手段包括在考察范围内，只有通过广泛的考察，不漏掉每一种可能的选择，才可能组合出最佳的技术功能。

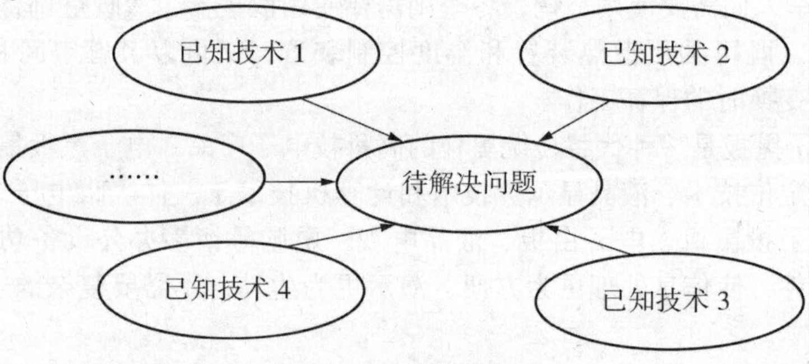

图 3－8　聚焦组合

例如：太阳能发电站。当年，西班牙要修建新的太阳能发电站，需要解决的最重要技术问题是如何提高太阳能的利用效率。针对这一要求，他们广泛寻求与之有关的技术手段，经过对温室技术、风力发电技术、排烟技术、建筑技术等的认真分析，最后形成一种富有创造性的新综合技术——太阳能气流发电技术。

2. 辐射组合法

辐射组合法是指从某种新技术、新工艺、新的自然效应出发，广泛地寻找各种可能的应用领域，将新的技术手段和这些领域内的现有技术组合，可以形成很多新的应用技术，如图 3－9 所示。这种方法可以在一种新技术出现以后，迅速地扩大它的应用范围。

例如：激光的原理早在1916年已被著名的物理学家爱因斯坦发现，1960年被首次成功制造。激光是20世纪以来，继原子能、计算机、半导体之后，人类的又一重大发明，被称为“最快的刀”“最准的尺”“最亮的光”和“奇异的激光”。激光技术出现以后在各个领域得到了广泛应用。激光在科技、军事上的应用包括激光光谱、激光雷达、激光武器等。激光在生命科学中的应用包括激光诊断、激光治疗，其中激光治疗又分为激光手术治疗、弱激光生物刺激作用的非手术治疗和激光的光动力治疗。激光在工业上也得到了广泛应用，激光打标、激光打孔、激光裁床、激光切割、激光绣花等。从创新技法上来说，这些都属于辐射组合方法的应用结果。

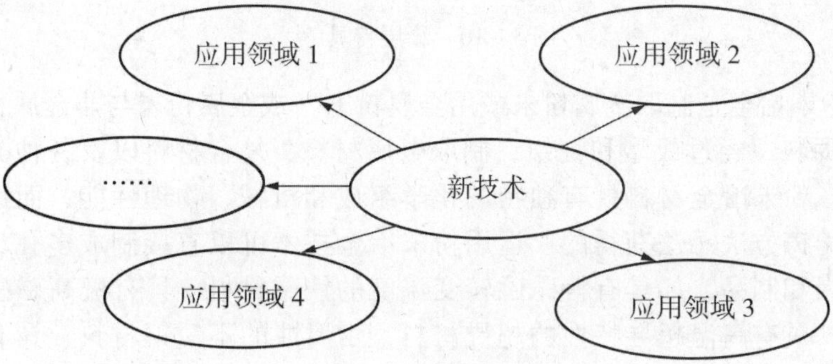

图3－9　辐射组合

3.4.5　材料组合法

扫一扫，观看“材料组合法”

有些应用场合要求材料具有多种特征，而实际上很难找到一种同时具备这些特征的材料，通过某些特殊工艺将多种不同材料加以适应组合，可以制造出满足特殊需要的材料。

例1：涂层刀具（图3－10）是在强度和韧性较好的硬质合金或高速钢（HSS）基体表面上，利用气相沉积方法涂覆一薄层耐磨性好的难熔金属或非金属化合物（也可涂覆在陶瓷、金刚石和立方氮化硼等超硬材料刀片上）而获得的。涂层刀具的涂层作为一种化学屏障和热屏障，减少了刀具与工件间的扩散和化学反应，从而减少了月牙槽磨损。涂层刀具具有表面硬度高、耐磨性好、化学性能稳定、耐热耐氧化、摩擦因数小和热导率低等特性，切削寿命可比未涂层刀具提高3～5倍，切削速度提高20%～70%，加工精度提高0.5～1级，刀具损耗费用降低20%～50%。

图 3－10　涂层刀具

例 2：粉末冶金是制取金属粉末或用金属粉末（或金属粉末与非金属粉末的混合物）作为原料，经过成型和烧结，制取金属材料、复合材料以及各种类型制品的工业技术。粉末冶金材料具有独特的化学组成和机械、物理性能，而这些性能是用传统的熔铸方法无法获得的。运用粉末冶金技术可以直接制成多孔、半致密或全致密材料和制品，如具有特殊磁转变温度的铁磁材料，具有极高磁感应强度的永磁材料，具有高温超导特性的超导材料，耐腐蚀的不锈钢材料，具有多种优秀品质的轴承合金材料等。从创新方法上讲，粉末冶金材料是通过将不同材料适当组合，设计出满足各种特殊要求的特种材料。

3.5　联想类比法

3.5.1　联想法

扫一扫，观看
“联想法”

联想是从一个概念想到其他概念，从一个事物想到其他事物的心理活动或思维方式。联想思维由此及彼、由表及里，形象生动、无穷无尽。

每个正常人都具有联想本能。世间万物或现象间存在着千丝万缕的联系，有联系就应有联想。联想犹如心理中介，通过事物之间的关联、比较、联系，逐步引导思维趋向广度和深度，从而产生思维突变，获得创造性联想。

联想不是想入非非，而是在已有的知识、经验之上产生的，它是对输入头脑中的各种信息进行加工、置换、连接、输出的思维活动，当然其中还包含积极的创造性想象。联想是创造性思维的重要表现形式，许多创造发明均发端于人脑的联想。

1. 相似联想法

相似联想是从某一思维对象想到与它具有某些相似特征的另一思维对象的联想。这种相似既可能是形态上的，也可能是空间、时间、功能等意义上的。把表面差别很大，但意义上相似的事物联想起来，更有助于将创造思路从某一领域引导到另一领域。

例1：当今世人都知道的计算机产品（又称电脑）就是相似联想创造的例子。自从1642年法国的帕斯卡设计的第一台齿轮式计算机问世后，德国的莱布尼兹在1671年创制出了世界第一台能进行四则运算的机械式计算机，1944年，艾肯带领其团队在美国国际商用机器公司（IBM公司）的赞助下成功研制了世界上第一台数字式自动计算机“Mark Ⅰ”，继而再由IBM公司开发出各种电子计算机、集成电路计算机等，到20世纪70年代还有苹果电脑公司、英特尔公司等开发的个人电脑……一个又一个的新型计算机都是从“相似联想”创新出来的。到1971年美国的英特尔公司将美国特德·霍夫创造的微处理器投入大批量生产销售后，不仅促使新一代的微型电脑产生，还带动各种相似的新产品产生，它被应用于彩电、录像机、微波炉、遥控器、程控电话、数控机床等。

例2：微波炉是利用食物在微波场中吸收微波能量而使自身加热的烹饪器具，它的发明也可以看作是通过联想发明的。在第二次世界大战期间，美国的雷达工程师斯彭塞在做雷达实验时偶然发现口袋里的巧克力块融化发黏，他怀疑是自己的体温引起的，后来在连续多次的试验中才发现是微波的热效应。他由此联想到，微波能熔化巧克力，一定也会使其他食品由于内部分子振荡而受热，从而通过联想发明了微波炉。利用这种热效应，1945年美国发布了利用微波的第1个专利，1947年美国的雷声公司研制成世界上第1个微波炉——雷达炉。在20世纪40年代，微波炉大多用于工商业。经过人们不断改进，1955年家用微波炉才在西欧诞生；20世纪60年代开始进入家庭；70年代，由于辐射安全性、操作方便性等问题的解决，使得微波炉造价不断下降，微波炉进一步得到推广使用，并形成了一个产业。

2. 接近联想法

接近联想是从某一思维对象想到与它有接近关系的思维对象的联想思维。这种接近关系可能是时间和空间上的，也可能是功能和用途上的，还可能是结构和形态上的。

例1：机器人是自动执行工作的机器装置。有人发明了刀削面机器人，而后来出现了诸如煮水饺机器人、煮面机器人、炒菜机器人、地面送餐机器人、空中传菜机器人等，发明者都运用了接近联想创造。

例 2：美国发明家威斯汀豪斯一直希望寻求一种同时作用于整列火车车轮的制动装置。当他看到挖掘隧道的驱动风钻的压缩空气是用橡胶软管从数百米之外的空气压缩站送来的现象时，运用接近联想，脑海里立刻涌现了气动刹车的创意，从而发明了现代火车的气动刹车装置。这种装置将压缩空气沿管道迅速送到各节车厢的气缸里，通过气缸的活塞将刹车闸瓦抱紧在车轮上，从而大大提高了火车运行的安全性，至今仍被广泛采用。

3. 对比联想法

客观事物之间广泛存在着对比关系，诸如冷与热、白与黑、多与少、高与低、长与短、上与下、宽与窄、凸与凹、软与硬、干与湿、远与近、前与后、动与静等。对比联想就是由事物间的完全对立或存在的某些差异而引起的联想。由于是从对立的、颠倒的角度去思考问题，因而具有悖逆性和批判性，常会产生转变思路、出奇制胜的良好效果。

例如：1901 年的除尘器只能吹尘，飞扬的尘土令人窒息。英国人赫伯布斯运用对比联想——吹尘不好，吸尘如何？最终，他发明了带有灰尘过滤装置的负压吸尘器。

4. 强制联想法

强制联想法是综合运用联想方法而形成的一种非逻辑型创造技法，是牵强附会地找出完全无关或亲缘关系较远的多个事物之间联系的方法。

强制联想有利于克服思维定势，特别是有利于发散思维，罗列众多事物，再通过收敛思维分析事物的属性、结构，将创造对象与众多事物的特点强行结合，能够产生众多奇妙的联想。

例 1：椅子和面包之间的强制联想，能引发出面包（软）——软乎乎的沙发，面包（热）——局部加热的保健椅（如按摩椅、远红外保健椅）等。

例 2：电子表的基本功能是计时，但和小学生强制联想后，开发出小学生电子表，其功能也得到了开发和扩展，如当秒表用，当计步器用，节日查询、预告，课程表存储，特别日期特别提示等。

3.5.2 类比法

扫一扫，观看
“类比法”

比较分析两个对象之间某些相同或相似之点，从而认识事物或解决问题的方法，称为类比法。

类比法以比较为基础，将陌生与熟悉、未知与已知相对比，这样由此物及彼物，由此类及彼类，可以启发思路，提供线索，触类旁通。

采用类比法的关键是本质的类似，但在分析事物间本质的类似时，还要认识到它们之间的差别，避免生搬硬套，牵强附会。

类比法需借助原有知识，但又不能受之束缚，应善于异中求同、同中求异。

创造性的类比思维不是基于严密的推理，而是基于自由想象和构思。类比对象间的差异愈大，其创造设想才愈富新颖性。

1．拟人类比法

拟人类比是将人设想为创造对象的某个因素，设身处地想象，从而得到有益的启示。

拟人类比将自身思维与创造对象融为一体。在处理人与人的关系时，设身处地地为他人考虑问题；以物为创造对象时，则投入感情因素，将创造对象拟人化，把非生命对象生命化，体验问题，产生共鸣，从而激发出某些无法感知的设想。

例如：比利时布鲁塞尔的某公园，为保持洁净、优美的园内环境，采用拟人类比法对垃圾桶进行改进设计，当把废弃物“喂”入垃圾桶内时，让它道声“谢谢”，由此使游人兴趣盎然，主动捡起垃圾放入桶内。

2．直接类比法

将创造对象直接与相类似的事物或现象作比较，称为直接类比。

直接类比简单、快速，可避开盲目思考。类比对象的本质特征愈接近，则成功率愈大。

例1：由天文望远镜制成了航海、军事、观剧以及儿童望远镜，不论它们的外形及功能有何不同，其原理、结构完全一样。

例2：物理学家欧姆将电与热的流动特征进行直接类比，把电势比作温度，把电流总量比作一定的热量，首先提出了著名的欧姆定律。

例3：瑞士著名科学家皮卡尔本来是研究大气平流层的专家。在研究海洋深潜器的过程中，他分析海水和空气都是相似的流体，因而进行直接类比，借用具有浮力的平流层气球结构特点，在深潜器上加了一只浮筒，在其中充满密度小于海水的汽油，使深潜器借助浮筒的浮力可以在任何深度的海洋中自由行动。

3．象征类比法

象征类比是借助事物形象和象征符号来表示某种抽象的概念或思维感情。

象征类比是直觉感知，并使事物的关键问题得以显现和简化。此法多用于文学作品和建筑设计中。像玫瑰花喻爱情，绿色喻春天，火炬喻光明，日出喻新生等；纪念碑、纪念馆要赋予“宏伟”“庄严”的象征格调；音乐厅、舞厅则要赋予“艺术”“幽雅”的象征格调。

4. 因果类比法

两事物间有某些共同属性，根据一事物的因果关系推出另一事物因果关系的思维方法，称为因果类比法。

因果类比需要联想，要善于寻找过去已确定的因果关系，善于发现事物的本质。

例如：加入发泡剂的合成树脂，其中充满微小孔洞，具有省料、轻巧、隔热、隔声等良好性能。日本的铃木运用因果类比，联想到在水泥中加入发泡剂，结果发明了一种具有同样优良性能的新型建筑材料——充气混凝土。

3.5.3 仿生法

扫一扫，观看“仿生法”

从自然界获得灵感，再将其应用于人造产品中的方法，称为仿生法。

自然界有形形色色的生物，漫长的进化使其具有复杂的结构和奇妙的功能。人类不断地从自然界得到启示，并将其原理应用于生活中。

仿生法具有启发、诱导、拓宽创造思路之功效。运用仿生法从自然界得到启迪，令人兴趣盎然，而且涉猎内容相当广泛。从鸟类想到飞机，从蝙蝠想到雷达，从锯齿状草叶想到锯子……千奇百态的生物，精妙绝伦的构造，赐予人类无穷无尽的创造思路和发明设想，吸引人们不断去研究、模仿，进行新的创造。自然界不愧为发明家的老师，探索者的课堂。

仿生法不是自然现象的简单再现，而是将模仿与现代科技手段相结合，设计出具有新功能的仿生系统。这种仿生存在于创造性思维的全过程中，它是对自然的一种超越。

1. 原理仿生法

模仿生物的生理原理而创造新事物的方法称为原理仿生法。比如模仿鸟类飞翔原理的各式飞行器、按蜘蛛爬行原理设计的军用越野车等。再如以下例子：

例1：蝙蝠用超声波辨别物体位置的原理使人类大开眼界。经过研究发现，蝙蝠的喉内能发出十几万赫兹的超声波脉冲。这种声波发出后，遇到物体就会反射回来，产生报警回波。蝙蝠根据回波的时间长短确定距障碍物的距离，根据回波到达左、右耳的微小时间差确定障碍物的方位。人们利用这种超声波的探测原理制造了一系列仪器，用于测量海底地貌、探测鱼群、寻找潜艇、探测物体内部缺陷、为盲人指路等。

例2：乌贼靠喷水而前进，且十分迅速、灵活。人们模仿这一原理，制成了靠喷水前进的“喷水船”。这种喷水船由柴油机带动轴流泵，轴流泵带动的叶轮先将水吸入，再从船尾的喷水口把水猛烈喷出，靠反作用力推动船体向前行驶。

例3：南极终年冰天雪地，行走十分困难，汽车也很难通行。科学家们发现平时走路速度很慢的企鹅，在危急关头，一反常态，将其腹部紧贴在雪地上，双脚快速蹬动，在雪地上飞速前进。由此受到启发，仿效企鹅动作原理，设计了一种极地汽车，使其宽阔的底部贴在雪地上，用轮勺推动，这种汽车能在雪地上快速行驶，时速可达50多公里。

2．结构仿生法

模仿生物结构取得创新成果的方法称为结构仿生法。比如从锯齿状草叶到锯子。又如以下例子：

例如：18世纪初，蜂房独特、精确的结构形状引起人们的注意。每间巢房的体积几乎都是0.25 cm^3，壁厚都精确保持在0.073 mm ± 0.002 mm范围内。如图3－11所示，蜂房正面均为正六边形，背面的尖顶处由三个完全相同的菱形拼接而成。经数学计算证明，蜂房的这一特殊结构具有同样容积下最省料的特点。

经研究，人们还发现蜂房单薄的结构具有很高的强度，若用几张一定厚度的纸按蜂窝结构做成拱形板，竟能承受一个成人的体重。据此，人们发明了各种质量小、强度高、隔声和隔热等性能良好的蜂窝结构材料，广泛用于飞机、火箭及建筑上。

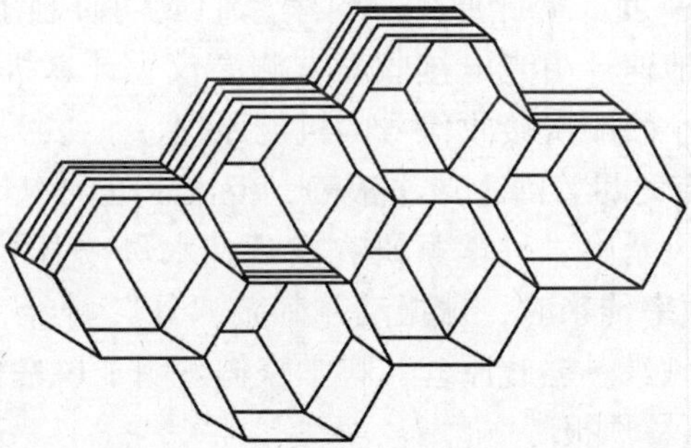

图3－11　蜂房结构示意图

3．外形仿生法

研究模仿生物外部形状的创造方法称外形仿生法。如从猫、虎的爪子想到在奔跑中急停的钉子鞋，从鲍鱼想到的吸盘等。再如以下例子：

例1：鲸鱼死后，仍保持浮游体态的现象令人百思不得其解。苏联科学家经研究发现，这正是鲸鱼身上的鳍在起作用。仿照其外形结构，他们在船的水下部位两侧各安装十个“船鳍”，这些“船鳍”和船体保持一定的角度，并可绕轴转动。当波浪致使船身左右摇摆时，水的冲击力就会在“船鳍”上分解为两个分力，其一可防摇扶正，其二可推动船舶前行。因此，“船鳍”不仅减少了船舶倾覆的危险，而且还具有降低驱动功率、提高航速的作用。

例2：传统交通工具的滚动式结构难以穿越沙漠。苏联科学家模仿袋鼠行走方式，发明了跳跃运行的汽车，从而解决了用于沙漠运输的运载工具问题。

例3：对爬越45°以上的陡坡来说，坦克也只能望而兴叹。美国科学家模仿蝗虫行走方式研制出六腿行走式机器人，它以六条腿代替传统的履带，可以轻松地行进在崎岖山路之中。

4. 信息仿生法

通过研究、模拟生物的感觉（包括视觉、嗅觉、听觉、触觉等）、语言、智能等信息及其存储、提取、传输等方面的机理，构思和研制新的信息系统的仿生方法，称为信息仿生法。

例1：响尾蛇的鼻和眼的凹部对温度极其敏感，能对千分之一摄氏度的温度变化做出反应，因此，响尾蛇能轻易觉察到身边其他事物的存在。据此原理，美国研制出对热辐射非常敏感的视觉系统，并将其应用于“响尾蛇”导弹的引导系统。

例2：象鼻虫的复眼具有很高的时间分辨本领。每个小眼观察周围景物时，顺次得到自己的“观测数据”，并由此计算出自身相对于其他物体的速度。因此，象鼻虫总能自动控制飞行速度。据此原理，科学家们成功研制了一种电子测速仪器——飞机地速计。这种地速计由光电接收器、测高仪、计算机及显示装置等组成，主要模仿了象鼻虫两个小眼顺次接收信号的机能原理。

例3：人们发现，有时尽管海上风平浪静，但浅水处的水母却突然纷纷游向深海，随之而来的便是狂风暴雨。科学家研究发现，水母“耳”腔内有一带小柄的球，在8～13 Hz风暴频率传来时，球振动并刺激“耳”神经，于是水母能比人类更早感受到即将来临的风暴。据此原理，科学家们发明了风暴预警器（图3－12），它可提前15小时做出风暴预报。

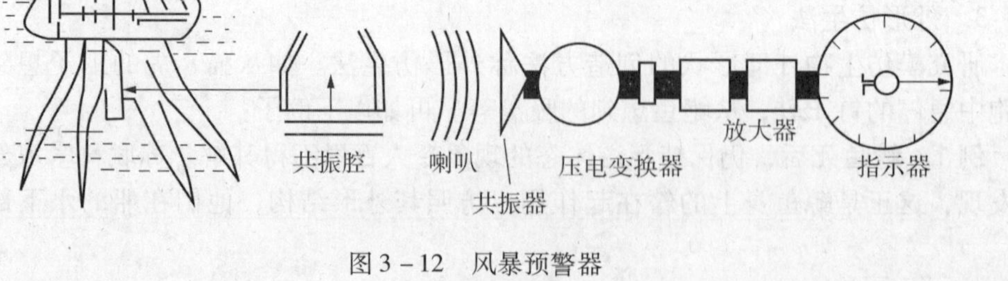

图3－12　风暴预警器

5. 拟人仿生法

通过模仿人体结构功能等进行创造的方法称为拟人仿生法。人体本身就是一架包罗万象的最精密的超级机器。人类对自身的研究深入且精细，对人体各部位、各器官、各组织的结构、机理、机能等都有较深刻的研究和了解。应该说，人类最了解的莫过于自身。所以，拟人仿生法具有素材丰富、潜力巨大、应用广泛的研究前景。

随着科学技术的不断进步，具有各种功能的机器人逐渐进入了人们的生活。机器人的机体、信息处理部分、执行部分、传感部分、动力部分相当于人的骨骼、头脑、手足、五官、心脏。比如智能机器人，有进行记忆、计算、推理、思维、决策等的电脑，有感觉识别外界环境的视觉、听觉、触觉等系统，有能进行灵活操作的手以及完成运动的脚等。

图3－13所示是由Trendmasters公司出品的一种会唱歌跳舞的机器人——卡拉OK机。这种音乐机器人有4个轮子，可一边通过其盒式磁带和调频收音机播放音乐，一边滚动和旋转。用户可通过红外线遥控器控制它的行动和音乐效果，或者拿起它的两个麦克风同它一起唱歌。为了保持节拍，均衡器灯随着音乐的播放而闪烁。图3－14所示为日本制造的专门面向研究领域的“ASIMO”机器人，步行时速达3 km/h，几乎与人类相同。

图3－13　能歌善舞的机器人——卡拉OK机

图3－14　“ASIMO”机器人

第 4 章　专利及其申请文件的撰写

【知识点】

- 专利申请文件的组成
- 权利要求书的撰写
- 说明书的撰写

【学习目标】

- 掌握专利申请文件的填写
- 了解权利要求书的撰写
- 掌握说明书的撰写

一项发明创造，必须由有权申请的人以书面形式或国家知识产权局规定的电子文件形式向国家知识产权局提出申请，才有可能取得专利权。这些为取得专利权而以书面形式或以国家知识产权局规定的电子文件形式提交的文件称作专利申请文件。

本章主要对专利申请文件的组成、撰写要求以及如何撰写作一简要说明，使申请者对专利文件有一个初步的认识。

4.1　专利的类型及其定义

扫一扫，观看
“专利的类型及其定义”

专利包括三种类型，即发明专利、实用新型专利和外观设计专利。

发明是指对产品、方法或者其改进所提出的新的技术方案，主要体现新颖性、创造性和实用性。发明又分为产品发明（如机器、仪器设备、用具）和方法发明（制造方法）两大类。

发明专利所谓的产品是指工业上能够制造的各种新制品，包括有一定形状和结构的固体、液体、气体之类的物品。发明专利所谓的方法是指对原料进行加工，制成各种产品的方法。发明专利并不要求是经过实践证明可以直接应用于工业生产的技术成果，它可以是一项解决技术问题的方案或是一种构思，具有在工业上应用的可能性，但也不能将这种技术方案或构思与单纯的提出课题、设想相混同，因为单纯的课题、设想不具备工业上应用的可能性。

实用新型是指对产品的形状、构造或者其结合所提出的适于实用的新的技术方案。同发明专利一样，实用新型专利保护的也是一个技术方案。但实用新型专利保护的范围较窄，它只保护有一定形状或结构的新产品，不保护方法以及没有固定形状的物质。实用新型的技术方案更注重实用性，其技术水平较发明而言，要低一些，多数国家实用新型专利保护的都是比较简单的、改进型的技术发明，可以称为“小发明”。

授予实用新型专利不需经过实质审查，手续比较简便，费用较低，因此，关于日用品、机械、电器等方面的有形产品的小发明，比较适用于申请实用新型专利。

外观设计是指对产品的形状、图案或其结合以及色彩与形状、图案的结合所作出的富有美感并适于工业应用的新设计。

外观设计与发明、实用新型有着明显的区别，外观设计注重的是设计人对一项产品的外观所做出的富于艺术性、具有美感的创造，但这种具有艺术性的创造，不是单纯的工艺品，它必须具有能够为产业上所应用的实用性。外观设计专利实质上保护的是美术思想，而发明专利和实用新型专利保护的是技术思想；虽然外观设计和实用新型都与产品的形状有关，但两者的目的却不相同，前者的目的在于使产品形状产生美感，而后者的目的在于使具有形态的产品能够解决某一技术问题。例如：一把雨伞，若它的形状、图案、色彩相当美观，那么应申请外观设计专利；如果雨伞的伞柄、伞骨、伞头结构设计精简合理，可以节省材料又有耐用的功能，那么应申请实用新型专利。

外观设计专利的保护对象是产品的装饰性或艺术性外表设计，这种设计可以是平面图案，也可以是立体造型，更常见的是这二者的结合。授予外观设计专利的主要条件是新颖性。

授予专利权的发明和实用新型应当具备新颖性、创造性和实用性。

新颖性，是指该发明或者实用新型不属于现有技术；也没有任何单位或者个人就同样的发明或者实用新型在申请日以前向国务院专利行政部门提出过申请，并记载在申请日以后公布的专利申请文件或者公告的专利文件中。

创造性，是指与现有技术相比，该发明具有突出的实质性特点和显著的进步，该实用新型具有实质性特点和进步。

实用性，是指该发明或者实用新型能够制造或者使用，并且能够产生积极效果。能够制造或者使用，是指发明创造能够在工农业及其他行业的生产中大量制造，并且应用在工农业生产上和人民生活中，同时产生积极效果。这里必须指出的是，专利法并不要求其发明或者实用新型在申请专利之前已经经过生产实践，而是分析和推断该项发明或实用新型在工农业及其他行业的生产中可以实现。

因为发明专利和实用新型专利两者都是保护新的技术方案，而外观设计专利保护的是“富有美感并适于在工业上应用的新设计”，不是新的技术方案，所以外观设计的专利申请文件与发明专利、实用新型专利的申请文件内容和要求完全不同，以下只对发明专利、实用新型专利文件的组成和撰写进行说明。

4.2 发明专利与实用新型专利申请文件的组成

发明和实用新型的专利申请文件包括请求书、说明书及其摘要、权利要求书等文件。

扫一扫，观看“发明专利与实用新型专利申请文件的组成”

请求书是申请人用来向国家知识产权局表达请求授予专利权愿望的文件。只要按照要求填写发明或实用新型名称，发明人或设计人姓名，申请人姓名或名称、地址以及其他有关内容即可。对于发明和实用新型的专利申请书，国家知识产权局统一制定了标准表格，统一制订的三种专利申请请求书的表格均包括两页，但对于外国向国家知识产权局直接提出的专利申请，还包括第三页，用来给出专利请求书的英文信息。该表格在中华人民共和国国家知识产权局网站下载填写即可，本书不做详细介绍。

说明书作为一项包含技术内容的文件，向全社会充分公开发明或实用新型的技术内容，使该领域普通技术人员依据说明书能够实施该项发明或实用新型，从而对社会科学技术发展做出贡献。作为对这种社会贡献的交换，申请人可取得该项发明或实用新型的专利权。

权利要求书用来确定发明或实用新型专利权的保护范围。授权后的权利要求书成为专利纠纷调解和诉讼时判断侵权的法律性文件。

请求书、说明书和权利要求书是每项发明专利或实用新型专利在提出申请时必须提交的文件。除此之外，办理专利申请手续时还会根据需要提供相应的其他文件，但这些文件并不是每项申请都必须具备的，如专利代理委托书（委托专利代理机构办理专利申请手续的）、在先申请文件副本、费用减缓请求书（要求费用减缓的）等。

4.3　实用新型专利申请文件示例

4.3.1　说明书摘要示例

说明书摘要

一种能够识别安全和危险电压的试电笔。它是在绝缘外壳中，测试触头、限流电阻、氖管和手触电极顺序电连接，并加有一分流电阻支路，使分流电阻一端与测试触头电连接，另一端与识别电极电连接。人体仅与手触电极接触测试被测物是否带电，人体同时与手触电极、识别电极接触测试被测物是否带有危险电压。

扫一扫，观看
“试电笔的说明书摘要”

（根据《中华人民共和国专利法实施细则》第二十三条的规定，说明书摘要应写明实用新型的名称、技术方案的要点以及主要用途，尤其是写明实用新型主要的形状、构造特征（机械构造和/或电连接关系）。摘要全文不超过300字，不得使用商业性的宣传用语，并提交一幅从说明书附图中选出的附图作摘要附图。）

4.3.2　说明书附图示例

说明书附图

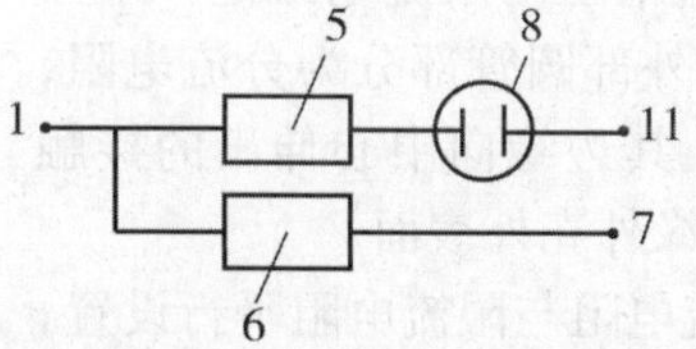

图 1

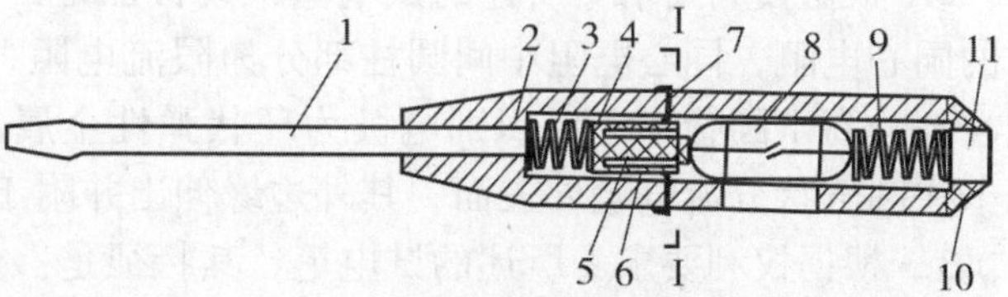

图 2

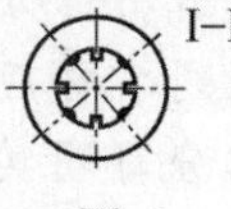

图 3

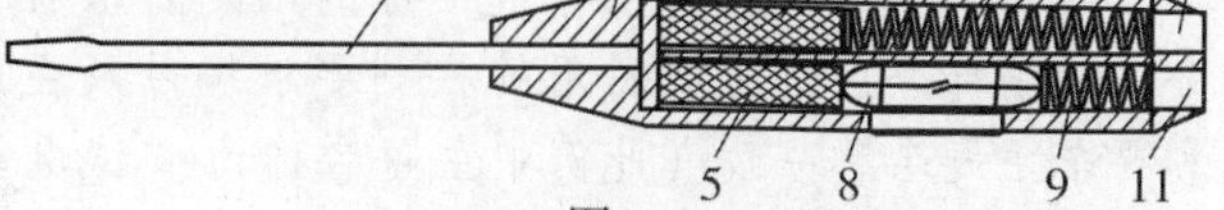

图 4

（说明书附图：应按照《中华人民共和国专利法实施细则》第十八条的规定绘制。每一幅图应当用阿拉伯数字顺序编图号。附图中的标记应当与说明书中所述标记一致。有多幅附图时，各幅图中的同一零部件应使用相同的附图标记。附图中除必需的词语之外，不应当含有其他注释，应使用制图工具按照制图规范绘制，图形线条为黑色，图上不得着色。）

扫一扫，观看“试电笔的说明书附图”

4.3.3 权利要求书示例

权利要求书

1．一种试电笔，在绝缘外壳中，测试触头、限流电阻、氖管和手触电极顺序电连接，其特征是：测试触头与一个分流电阻一端电连接，分流电阻另一端与一个人体可接触的识别电极电连接。

扫一扫，观看“试电笔的权利要求书”

（一项实用新型应当只有一个独立权利要求。独立权利要求应从整体上反映实用新型的技术方案，记载解决的技术问题的必要技术特征。独立权利要求应包括前序部分和特征部分。前序部分：写明要求保护的实用新型技术方案的主题名称及与其最接近的现有技术共有的必要技术特征。特征部分：使用“其特征是”用语，写明实用新型区别于最接近的现有技术的技术特征，即实用新型为解决技术问题所不可缺少的技术特征。）

2．根据权利要求1所述的试电笔，其特征是：分流电阻与限流电阻是一个一体的同心电阻，同心电阻中间圆柱部分为限流电阻，其外部圆管部分为分流电阻，圆柱部分高于圆管部分；识别电极为环状弹性金属片，其边缘向中心伸出的接触爪卡住圆管状分流电阻外表面，其外边缘伸出并附于绝缘外壳外表面。

3．根据权利要求1所述的试电笔，其特征是：分流电阻与限流电阻平行设置，其中间为绝缘隔离层。

（从属权利要求（此例中权利要求2、3为从属权利要求）应当用附加的技术特征，对所引用的权利要求作进一步的限定。从属权利要求包括引用部分和限定部分。引用部分应写明所引用的权利要求编号及主题名称，该主题名称应与独立权利要求主题名称一致（此例中主题名称为“试电笔”），限定部分写明实用新型的附加技术特征。从属权利要求应按规定格式撰写，即“根据权利要求（引用的权利要求的编号）所述的（主题名称），其特征是……”）

（依据《中华人民共和国专利法》第二十六条第四款和《中华人民共和国专利法实施细则》第二十条至第二十三条的规定，权利要求书应当以说明书为依据，说明要求保护的范围。权利要求书应使用与说明书一致或相似语句，从正面简洁、明了地写明要求保护的实用新型的形状、构造特征，如：机械产品应描述主要零部件及其整体结构关系；涉及电路的产品，应描述电路的连接关系；机电结合的产品还应写明电路与机械部分的结合关系；涉及分布参数的申请，应写明元器件的相互位置关系；涉及集成电路的，应清楚公开集成电路的型号、功能等。权利要求应尽量避免使用功能或者用途来限定实用新型；不得写入方法、用途及不属于实用新型专利保护的内容；应使用确定的技术用语，不得使用技术概念模糊的语句，如“等”“大约”“左右”……；不应使用“如说明书……所述”或“如图所示”等用语；首页正文前不加标题。每一项权利要求应由一句话构成，只允许在该项权利要求的结尾使用句号。权利要求中的技术特征可以引用附图中相应的标记，其标记应置于括号内。）

4.3.4　说明书示例

说　明　书

试　电　笔

（实用新型名称应简明、准确地表明实用新型专利请求保护的主题。名称中不应含有非技术性词语，不得使用商标、型号、人名、地名或商品名称等。名称应与请求书中的名称完全一致，不得超过25个字，应写在说明书首页正文部分的上方居中位置。）

扫一扫，观看
“试电笔的说明书”

（依据《中华人民共和国专利法》第二十六条第三款及《中华人民共和国专利法实施细则》第十七条的规定，说明书应对实用新型做出清楚、完整的说明，使所属技术领域的技术人员，不需要创造性的劳动就能够再现实用新型的技术方案，解决其技术问题，并产生预期的技术效果。说明书应按以下五个部分顺序撰写：所属技术领域、背景技术、发明内容、附图说明、具体实施方式，并在每一部分前面写明标题。）

所属技术领域

本实用新型涉及一种指示电压存在的试电装置，尤其是能识别安全和危险电压的试电笔。

（所属技术领域：应指出本实用新型技术方案所属或直接应用的技术领域。）

背景技术

目前，公知的试电笔构造是由测试触头、限流电阻、氖管、金属弹簧和手触电极串联而成。将测试触头与被测物接触，人手接触手触电极，当被测物相对大地具有较高电压时，氖管启辉，表示被测物带电。但是，很多电器的金属外壳不带有对人体有危险的触电电压，仅表示分布电容和/或正常的电阻感应产生电势，使氖管启辉。一般试电笔不能区分有危险的触电电压和无危险的感应电势，给检测漏电造成困难，容易造成错误判断。

（背景技术：是指对实用新型的理解、检索、审查有用的技术，可以引证反映这些背景技术的文件。背景技术是对最接近的现有技术的说明，它是做出实用新型技术方案的基础。此外，还要客观地指出背景技术中存在的问题和缺点，引证文献、资料的，应写明其出处。）

发明内容

（发明内容：应包括实用新型所要解决的技术问题、解决其技术问题所采用的技术方案及其有益效果。）

为了克服现有的试电笔不能区分有危险的触电电压和无危险的感应电势的不足，本实用新型提供一种试电笔，该试电笔不仅能测出被测物是否带电，而且能方便地区分是危险的触电电压还是无危险的感应电势。

（要解决的技术问题：是指要解决的现有技术中存在的技术问题，应当针对现有技术存在的缺陷或不足，用简明、准确的语言写明实用新型所要解决的技术问题，也可以进一步说明其技术效果，但是不得采用广告式宣传用语。）

本实用新型解决其技术问题所采用的技术方案：在绝缘外壳中，测试触头、限流电阻、氖管和手触电极顺序电连接，设置一分流电阻支路，使测试触头与一个分流电阻一端电连接，分流电阻另一端与一个人体可接触的识别电极电连接。当人手同时接触识别电极和手触电极时，使分流电阻并联在测试触头、限流电阻、氖管、手触电极电路测试时，人手只和手触电极接触，氖管启辉，表示被测物带电。当人手同时接触手触电极和识别电极时，若被测物带有无危险高电势，由于电势源内阻很大而大大降低了被测物的带电电位，则氖管不启辉，若被测物带有危险触电电压，因其内阻小，接入分流电阻几乎不降低被测物带电电位，则氖管保持启辉，达到能够区别安危电压的目的。

（技术方案：是申请人对其要解决的技术问题所采取的技术措施的集合。技术措施通常是由技术特征来体现的。技术方案应当清楚、完整地说明实用新型的形状、构造特征，说明技术方案是如何解决技术问题的，必要时应说明技术方案所依据的科学原理。撰写技术方案时，机械产品应描述必要零部件及其整体结构关系；涉及电路的产品，应描述电路的连接关系；机电结合的产品还应写明电路与机械部分的结合关系；涉及分布参数的申请时，应写明元器件的相互位置关系；涉及集成电路时，应清楚公开集成电路的型号、功能等。本例“试电笔”的构造特征包括机械构造及电路的连接关系，因此既要写明主要机械零部件及其整体结构的关系，又要写明电路的连接关系。技术方案不能仅描述原理、动作及各零部件的名称、功能或用途。）

本实用新型的有益效果是可以在测试被测物是否带电的同时，方便地区分安危电压，分流支路中仅采用电阻元件，结构简单。

（有益效果：是实用新型和现有技术相比所具有的优点及积极效果，它是由技术特征直接带来的或者是由技术特征产生的必然的技术效果。）

附图说明

下面结合附图和实施例对本实用新型进一步说明。

图1是本实用新型的电路原理图。

图2是试电笔第一个实施例的纵剖面构造图。

图3是图2的I－I剖视图。

图4是试电笔第二个实施例的纵剖面构造图。

图中1为测试触头，2为绝缘外壳，3为弹簧，4为同心电阻，5为限流电阻，6为分流电阻，7为识别电极，8为氖管，9为弹簧，10为后盖，11为手触电极，12为绝缘隔离层，13为弹簧。

（附图说明：应写明各附图的图名和图号，对各幅附图作简略说明，必要时可将附图中标号所示零部件名称列出。）

具体实施方式

在图1中，测试触头1、限流电阻5、氖管8与手触电极11串联，测试触头1与分流电阻6一端相连，分流电阻6另一端与识别电极7相连。通常限流电阻阻值为几兆欧，为保证人身安全，分流电阻阻值不小于限流电阻阻值，最好取限流电阻阻值的1～2倍。

在图2所示实施例中，测试触头1在绝缘外壳2一端伸入其中空腔，与弹簧3

接触，弹簧3另一端与同心电阻4相接触，同心电阻4是纵剖面为E形，其中间圆柱部分限流电阻5高于作为分流电阻6的圆管部分，使氖管8的一端与限流电阻5接触时不碰到分流电阻6，弹簧9一端与氖管8相接触，另一端与后盖10上的手触电极11相接触，弹簧压力保证各元件间可靠电连接。如图3所示的环状弹性金属片状识别电极7，其边缘向中心伸出的接触爪卡住圆管状分流电阻6外表面，其外边缘伸出并附于绝缘外壳外表面。

在图4所示的另一个实施例中，测试触头1在绝缘外壳2一端伸入其中空腔，同时与平行设置的限流电阻5和分流电阻6的一端相接触，限流电阻另一端通过氖管8、弹簧9与手触电极11电接触，分流电阻6通过弹簧13与识别电极7电接触，两电极之间设置一绝缘隔离层12。

（具体实施方式：是实用新型优选的具体实施例。具体实施方式应当对照附图对实用新型的形状、构造进行说明，实施方式应与技术方案相一致，并且应当对权利要求的技术特征给予详细说明，以支持权利要求。附图中的标号应写在相应的零部件名称之后，使所属技术领域的技术人员能够理解和实现，必要时说明其动作过程或者操作步骤。如果有多个实施例，每个实施例都必须与本实用新型所要解决的技术问题及其有益效果相一致。）

4.4 发明专利和实用新型专利的说明书摘要及附图

4.4.1 说明书摘要

说明书摘要应当写明发明或者实用新型的名称和所属技术领域、所要解决的技术问题、解决该技术问题的技术方案要点以及主要用途。重点应放在发明或实用新型技术方案的要点上，将发明或实用新型最本质的内容表述出来；而其他部分应该用尽量少的文字（甚至一句话）来表达更多的内容，使摘要简明扼要，全文（包括标点符号）不超过300字。如果发明既涉及产品发明，又涉及方法发明，或者发明或实用新型包括几项主题名称不同的同类型独立权利要求，则也应当在说明书摘要中得到体现。此外，摘要不分段，不得出现广告宣传用语。

说明书摘要可采用下述起始格式句：“本发明（或实用新型）涉及了一种……”或“本发明（或实用新型）公开了一种……”

对于实用新型申请案或者说明书有附图的发明申请案，应指定并提供一幅最能说明发明或实用新型技术方案要点的附图。摘要文字部分出现的附图标记应当加上括号，且这些附图标记必须标注在该摘要附图中。

对于试电笔说明案例，说明书摘要的第一句话可写成："本发明公开了一种能够识别安全和危险电压的电工试电笔。"这一句话既反映了该发明的主题名称和所属技术领域，又说明了该发明要解决的技术问题和主要用途。在这之后，重点描述本发明的主要构思——测量时可与限流电阻、氖管支路处于断开或并联两种工作状态的分流电阻支路，并简要地说明其三种技术方案，最后十分简明地说明一下其有益效果。

4.4.2　说明书附图

说明书附图的作用在于用图形补充说明文字部分的描述，更清楚、完整地公开发明或者实用新型内容，对于实用新型来说，其说明书至少应包括一幅附图；对于发明来说，除了那些根本不需要附图的情况，也尽可能借助附图描述发明的具体实施方式。

试电笔申请案有三项产品独立权利要求，对每项独立权利要求的技术方案至少应分别给出一幅附图。为了更清楚地反映出它们具有同一构思，采用电路图来表示。对其中第二种技术方案，有两种不同的电路连接方式，所以给出两幅电路图。此外，为了更清楚地描述该发明，对独立权利要求1的技术方案作了展开性说明，因而对此技术方案还给出两幅反映产品具体结构的示意图。

4.5　发明专利和实用新型专利的权利要求书

专利法规定："发明或者实用新型专利权的保护范围以其权利要求的内容为准。说明书及其附图可以用于解释权利要求。"由此可见，权利要求书是用于确定发明或实用新型专利权保护范围的法律文件。一份专利申请的主题是否属于能够授予专利权的范围，所要求保护的发明创造是否具备新颖性、创造性和实用性，专利申请是否符合单一性的规定，他人的实施行为是否侵犯了专利权，都取决于权利要求书的内容，或者与权利要求的内容有直接的关联。因此，权利要求书是发明和实用新型专利申请文件中最重要的文件。本节对权利要求书的内容及其撰写要求作一简单介绍，可不做教学要求。

4.5.1　权利要求书简介

权利要求书由权利要求组成，一份权利要求书至少有一项权利要求。权利要求用技术特征的总和来表示发明或实用新型的技术方案，限定发明或实用新型要求保护的范围。

1. 权利要求的类型

按照权利要求所保护的技术方案的性质划分，权利要求有两种基本类型：产品权利要求和方法权利要求。

产品权利要求，又称作物的权利要求。其给予保护的客体是人类技术生产的物（产品、设备），它包括物品、物质、材料、工具、装置、设备、仪器、部件、元件、线路、合金、涂料、水泥、玻璃、组合物、化合物、药物制剂等人类科技生产的任何具体的实体。

由于发明是指对产品、方法或者其改进所提出的新的技术方案，因而发明专利给予保护的客体可以是产品，也可以是方法，也就是说发明专利申请的权利要求书中既可以有产品权利要求，也可以有方法权利要求。而实用新型，是指对产品的形状、构造或者其结合所提出的适于实用的新的技术方案，由此可知，实用新型专利只保护产品，不保护方法，而且必须是有形状、结构的产品，因而实用新型专利给予保护的客体仅仅是有形状、结构的产品，也就是说实用新型专利申请的权利要求书中只允许有产品权利要求，不允许有方法权利要求。

2. 独立权利要求和从属权利要求

权利要求书应当有独立权利要求，也可以有从属权利要求。

独立权利要求是指从整体上反映发明或者实用新型的技术方案，记载解决技术问题的必要技术特征的权利要求。如果一项权利要求包含了另一项权利要求中的所有技术特征，且对该另一项权利要求的技术方案作了进一步的限定，则该权利要求为从属权利要求。

在一份权利要求书中，独立权利要求应当从整体上反映发明或者实用新型的技术方案、记载解决其技术问题所需的必要技术特征。其中必要技术特征是指，发明或者实用新型为解决其技术问题所不可缺少的技术特征，其总和足以构成发明或者实用新型的保护客体，使之区别于背景技术中所述的其他技术方案。

一份权利要求书中具有多项权利要求时，如果其中一项权利要求包含了另一项同类型权利要求中的所有技术特征，且对另一项权利要求的技术方案作进一步限定，则该权利要求为从属权利要求。从属权利要求用附加技术特征对被引用的权利要求作进一步限定，附加技术特征可以是对引用权利要求中的技术特征作进一步限定的技术特征，也可以是增加的技术特征。

从属权利要求只能引用在前的权利要求。被从属权利要求进一步限定的权利要求可以是独立权利要求，也可以是从属权利要求。也就是说，从属权利要求可以引用独立权利要求，也可以引用从属权利要求。

此外，从属权利要求可以仅引用在前的一项权利要求，也可以引用在前的两项或两项以上的权利要求，后者称作多项从属权利要求。

在申请的权利要求书中，独立权利要求所限定的客体的保护范围最宽。由于从属权利要求包含了其引用的权利要求的全部技术特征，其用附加技术特征对其引用的权利要求作进一步限定，所以从属权利要求的保护范围落在其所引用的权利要求保护范围之内。

专利法规定，一件发明或者实用新型专利申请应当限于一项发明或实用新型，而对于一项发明或者实用新型来说，应当只有一项独立权利要求，但还可以包括多项直接或间接对该独立权利要求作限定的从属权利要求。

专利法还规定，属于一个总的发明构思的两项以上的发明或者实用新型，可以作为一件申请提出。在这种情况下，权利要求书中可以有两项或两项以上独立权利要求。写在前面的独立权利要求称为第一独立权利要求，其他独立权利要求称作并列独立权利要求。

4.5.2　权利要求书的撰写要求

专利法和专利法实施细则对权利要求书的撰写作了明确的规定，审查指南又对此作了更具体的规定，现分为实质性要求和形式要求两部分来加以说明。

4.5.2.1　实质性要求

按照专利法及其实施细则的规定，权利要求书撰写的实质性要求为：权利要求书以说明书为依据；清楚、简要地表述请求保护的范围。

1. 以说明书为依据

专利法规定权利要求书应当以说明书为依据，说明要求专利保护的范围。权利要求应当以说明书为依据，是指权利要求应当得到说明书的支持，即权利要求书中的每一项权利要求所要求保护的技术方案，应当是所属技术领域的技术人员能够从说明书充分公开的内容中得到或概括出的技术方案，并不得超出说明书公开的范围。

权利要求通常由说明书中公开的一个或多个实施方式或实施例概括而成。通常，权利要求的概括方式主要有两种：用上位概念概括，用并列选择法概括（即用“或者”或“和”并列几个必选其一的具体特征）。前者如用“气体激光器”概括氦氖激光器、氩离子激光器、一氧化碳激光器、二氧化碳激光器等；后者如“特征A、B、C或者D”或者“由A、B、C和D组成的物质组中选择其一”等。

权利要求的概括应当适当，不得超出说明书公开的范围。如果所属技术领域的技术人员可以合理预测说明书给出的实施方式或明显变型方式都具备相同的性能或用途，则应当允许申请人将权利要求的保护范围概括至覆盖其所有的等同替代或明显变型方式。

（1）权利要求概括范围的宽窄取决于其与现有技术相关的程度。一项开创性技术领域的开拓性发明，比起已知技术领域中的改进性发明，允许有较宽的概括范围。一项概括恰当的权利要求应当与说明书公开的内容相当，既要得到说明书的支持，又不使专利申请人应当获得的权益受到损害。

（2）对于上位概念概括的权利来说，如果说明书实施方式或实施例中的技术特征是下位概念，而发明或实用新型的技术方案利用了其上位概念技术特征的所有下位概念的共性，则允许在权利要求中将此技术特征概括成上位概念；相反，若发明或实用新型是利用了此下位概念的个性，则不允许权利要求中将此技术特征概括成此下位概念的上位概念。对于用并列选择方式概括的权利要求来说，可将这些并列选择方式中的各个可选择要素按其性质相近进行分组，若说明书中对每一组至少给出一个相应的实施例或实施方式，则允许该权利要求采用此并列选择概括方式；相反，如果其中有一组性质相近的可选择要素在说明书中未给出任何实施例或实施方式，则应当将这一组可选择要素从权利要求的并列选择概括方式中排除出去。通常说明书中的实施例或具体实施方式越多，可以允许权利要求的概括程度越大。然而也可以只有一种具体实施方式，但是由这一实施方式概括成权利要求的技术特征对本领域技术人员来说必须是显而易见的。此外，权利要求的概括不得包含一些推测的、效果难以预先确定和评价的内容，否则认为这种概括超出了专利申请说明书中所公开的内容。也就是说，当权利要求的概括使所属技术领域的技术人员有理由怀疑该上位概括或并列概括所包含的一种或多种下位概念或选择方式不能解决发明或实用新型所要解决的技术问题，并达到相同的技术效果，则应当认为该权利要求没有得到说明书的支持。

（3）通常，对产品权利要求来说，应当尽量避免使用功能或效果特征来限定发明或实用新型。只有在某一技术特征无法用结构特征来限定，或者技术特征用结构特征限定不如用功能或效果特征来限定更为恰当，而且该功能或者效果能通过说明书中规定的实验或者操作或者所属技术领域的惯用手段直接或肯定地验证的情况下，使用功能或者效果特征来限定发明或实用新型才是允许的。也就是说，能用形状结构特征清楚限定技术特征时就不要采用功能性限定，只有当说明书中有多个实施方式，用形状结构特征无法将其限定而采用功能限定方式可以清楚限定时，才对此技术特征采用功能性限定。当然，如果说明书中仅给出一个以特定方式实现某功能限定技术特征的具体实施方式，但本领域的技术人员立即能想到现有技术中还存在其他具有相同功能的类似结构，而且该发明或实用新型的技术问题不是通过实现该功能的具体结构来解决的，而是通过具有该功能的部件与其他部件之间的连接关系、配合关系来解决的，则对此技术特征采用功能性限定也是允许的。相反，如果本领域的技术人员不能明了此功能还可以采用说明书中未提到的其他替代方式来完成，或者本领域技术人员有理由怀疑该功能性限定多包含的一种或几种方式不能解决发明或者实用新型所要解决的技术问题，并达到相同的技术效果，则权利要求中不得采用覆盖了上述其他代替方式或者不能解决发明或实用新型技术问题的方式的功能性限定。此外，不允许出现纯功能性限定的权利要求，尤其不允许将该权利要求相对于最接近现有技术的改进表述成与发明或实用新型所要解决技术问题等同的功能性特征。

当要求保护的技术方案的部分或全部内容在原始申请的权利要求书中已经记载而在说明书中没有记载时，允许补入说明书，以体现权利要求以说明书为依据。但是，权利要求的技术方案在说明书中存在一致性的表述，并不意味权利要求必然得到说明书的支持。只有本领域的技术人员能够从说明书充分公开的内容中得到或概括得出该项权利要求所保护的技术方案时，记载该技术方案的权利要求才被认为得到了说明书的支持。

2. 清楚地表述请求保护的范围

权利要求是否清楚，对于确定发明或者实用新型所要求的保护范围是极其重要的，因此专利法实施细则规定，权利要求书应当清楚地表述请求保护的范围。这主要包括两个方面：其一是每项权利要求应当清楚，其二是构成权利要求书的所有权利要求作为一个整体也应当清楚。对于每项权利要求应当清楚来说，既要求每项权利要求的类型清楚，又要求每项权利要求确定的范围清楚。

（1）每项权利要求的类型应当清楚。首先，权利要求的主题名称应当能够清楚地表明该权利要求的类型是产品权利要求还是方法权利要求，不允许采用模糊不清的主题名称（如“一种……技术”），也不允许主题名称中既包含产品又包含方法（如“一种……产品及其制造方法”）。此外，权利要求的主题名称还应当与权利要求的技术内容相适应。其次，产品发明或者实用新型应当写成产品权利要求，通常采用产品的形状、结构、组成等结构型技术特征来描述。但是在特殊情况下，如果产品权利要求中的一个或多个技术特征无法用结构特征予以清楚表征时，允许借助物理或化学参数表征（注意，使用参数表征时，所使用的参数必须是本领域技术人员根据说明书的指引或通过所属技术领域的惯用手段可以清楚而可靠地加以确定的）；当无法用结构特征并且也不能用参数特征予以清楚地表征时，允许借助方法特征来表征。而方法发明应当写成方法权利要求，通常采用工艺过程、操作条件、步骤或流程等方法技术特征来描述；对于属于方法权利要求的用途权利要求，应当注意从权利要求的撰写措辞上使其与产品权利要求区分开来，例如作为化合物X的用途权利要求应当写成“用化合物X作为杀虫剂”或者“化合物X作为杀虫剂的应用”，不应写成“用化合物X制成的杀虫剂”或“含化合物X的杀虫剂”，后两者为产品权利要求。

（2）每项权利要求所确定的保护范围应当清楚，即权利要求中的文字应该清楚、正确地描述发明或者实用新型。为此，权利要求中的用词应当严谨，不应当造成对发明或者实用新型技术方案的误解。对于自然科学名词，国家有统一规定的，应当采用规定的技术术语，不得使用行话、土话或者自行编造的词语；国家没有统一规定的，可以采用本技术领域约定俗成的术语，必要时对于最新出现的技术概念，甚至可以采用自定义词，但不应当采用所属技术领域中具有基本含义的词汇来表示其本意之外的其他含义，以免造成误解或语义混乱。如果采用自定义词，此时应当在说明书中对该自定义词应给出明确的定义。另外，应尽可能从正面描述发明或实用新型的技术特征，不得采用会导致保护范围不清楚的否定词语来限定技术特征，不要采用多义词或者本技术领域中含义模糊不清的词句。

构成权利要求书的所有权利要求作为一个整体也应当清楚，这是指权利要求之间的引用关系应当清楚。为此，从属权利要求中作进一步限定的技术特征应当是在其引用的权利要求中出现过的技术特征，或者从属权利要求中应当写明附加技术特征与引用权利要求之间的关系。此外，表述两项并列技术方案的从属权利要求之间不得相互引用。

3. 简要表达

按照专利法实施细则，权利要求还应当简要地表述请求保护的范围。不仅每一项权利要求应当简要，而且所有权利要求作为一个整体也应当简要。

（1）权利要求的表述应当简要。除记载技术特征外，不得对原因或理由作不必要的描述，也不得使用商业性宣传用语。

（2）权利要求的数目应当合理。权利要求书中，允许有合理数量的限定发明或者实用新型优选技术方案的从属权利要求，但仅用不同的文字表达而含义完全相同的权利要求应当删除。

（3）为避免权利要求之间相同内容的不必要重复，在可能的情形下，权利要求应尽量采取引用在前权利要求的方式撰写。

4.5.2.2 形式要求

权利要求书除了需要满足上述实质性要求之外，尚需满足下述形式要求：

（1）权利要求中包括几项权利要求的，应当用阿拉伯数字顺序编号。

（2）若有几项独立权利要求，各自的从属权利要求应当尽量紧靠其所引用的权利要求。

(3) 每一项权利要求只允许在其结尾使用句号，以强调其含义是不可分割的整体。

(4) 权利要求中使用的科技术语应当与说明书中使用的一致。

(5) 权利要求中可以有化学式或者数学式，但不得有插图。

(6) 除非绝对必要，权利要求中不得使用"如说明书……部分所述"或者"如图……所示"等类似用语；绝对必要的情况是指当发明或实用新型涉及的某特定形状仅能用图形限定而无法用语言表达时，权利要求可以使用"如图……所示"等类似用语。

(7) 权利要求中通常不允许使用表格，除非使用表格能够更清楚地说明发明或实用新型要求保护的客体。

(8) 权利要求中的技术特征可以引用说明书附图中相应的附图标记，但必须加括号，放在相应的技术特征后面，且附图标记不得解释为对权利要求保护范围的限制。

(9) 除附图标记或者其他必要情形必须使用括号外，权利要求中应当尽量避免使用括号。

(10) 权利要求中采用并列选择时，其含义应当是清楚的。

(11) 一般情形下，权利要求不得引用人名、地名、商品名或者商标名称。

4.5.3　独立权利要求的撰写要求

4.5.3.1　独立权利要求的撰写格式

1. 通常采用两部分格式

发明或者实用新型的独立权利要求应当包括两个部分：前序部分和特征部分。

前序部分写明要求保护的发明或者实用新型技术方案的主题名称以及发明或者实用新型主题与最接近的现有技术共有的必要技术特征，必要时应当反映发明或者实用新型的应用领域。特征部分写明发明或者实用新型区别于最接近的现有技术的技术特征，即本发明或实用新型具有的，而未包含在最接近技术中的区别技术特征。特征部分和前序部分写明的这一些特征一起构成发明或实用新型要求保护的技术方案，并限定了其保护范围。这一部分通常以"其特征是……"或者类似的用语开始。这样撰写的独立权利要求既清楚地说明了本发明或实用新型与最接近的现有技术的关系，又强调了其自身相对于最接近的现有技术做出改进的实质内容。比如"一种试电笔，在绝缘外壳中，测试触头、限流电阻、氖管和手触电极顺序电连接，其特征是：测试触头与一个分流电阻一端电连接，分流电阻另一端与一个人体可接触的识别电极电连接。”

独立权利要求分两部分撰写的目的在于使公众更清楚地看出独立权利要求的全部技术特征中哪些是发明或实用新型与最接近的现有技术所共有的技术特征，哪些是发明或者实用新型区别于最接近的现有技术的特征，因此将独立权利要求划分为两部分来撰写并不影响其保护范围。按照两部分格式撰写的独立权利要求，与不采用两部分格式撰写的相比，有下述几个方面的优点：

（1）有助于审查员理解发明创造的实质内容以及与最接近的现有技术的关系，在判断其是否具备新颖性和创造性时可做出比较正确的评价，从而加快实质审查程序。

（2）便于公众理解发明创造的实质内容以及与最接近的现有技术的关系，对其感兴趣的公众可以果断地决定是否采用此项专利技术，并可在签订专利许可证贸易合同时更合理地确定使用费。

（3）采用两部分格式撰写的独立权利要求在一定程度上可使独立权利要求更为简明，前序部分仅需写明那些与发明或实用新型技术方案密切相关的、共有的必要技术特征。

正由于采用两部分格式撰写的独立权利要求具有上述几个方面的优点，所以采用两部分方式来撰写独立权利要求是合理的、必要的。对于改进型的专利申请案，通常要求将独立权利要求分成前序部分和特征部分来撰写，即要求其相对于最接近的现有技术划清前序和特征两个部分的界限。

2. 几种不适宜采用两部分格式撰写独立权利要求的情况

发明或者实用新型的性质使独立权利要求不适宜采用划分前序部分和特征部分的方式来表达的，可采用其他方式撰写。不适宜采用前序部分和特征部分的方式撰写的情况有：

（1）开拓性发明、化学物质发明以及一部分用途发明。

（2）由几个状态等同的已知技术整体组合而成的发明，其发明实质在于组合本身。

（3）已知方法的改进发明，其改进之处仅在于省去某种物质或材料，或者是用一种物质或材料代替另一种物质或材料，或者省去某个步骤。

（4）已知发明的改进在于系统中部件的更换或者其相互关系上的变化。

3. 并列独立权利要求的撰写格式

并列独立权利要求的撰写分为同类型并列独立权利要求和不同类型并列独立权利要求两种情况。

（1）同类型产品或同类型方法并列独立权利要求的情况，通常与第一独立权利要求的撰写格式相同，包括前序部分和特征部分。

（2）不同类型并列独立权利要求为体现其与第一独立权利要求具有一个总的发明构思，可以采用两种格式：一种是回引在前的独立权利要求；另一种是不回引在前的独立权利要求，而对在前独立权利要求的技术方案中的技术特征作重复描述。从简要的角度看，最好采用前一种格式。不同类型并列独立权利要求通常也应当包括前序部分和特征部分。

为帮助理解，此处给出一个总的发明构思中包括三项独立权利要求的发明案例，它涉及产品、该产品制造方法和制造方法中的专用设备三项独立权利要求，以此说明不同类型并列独立权利要求的撰写格式。

①一种沸腾液体传热壁，……其特征在于：……

②一种制造权利要求1所述沸腾液体传热壁的方法，……其特征在于：……

③一种实现权利要求2所述制造沸腾液体传热壁方法中的专用铲刮刀具，……其特征在于：……

4.5.3.2　独立权利要求的实质性要求

独立权利要求除了要按照上述格式来撰写外，更重要的是必须满足下述实质性的要求：

（1）独立权利要求应当清楚、正确地描述发明或实用新型，表述其要求保护的范围。

①独立权利要求请求保护的主题类型清楚，即产品发明通常应当用产品的结构特征加以限定，方法发明通常应当用工艺过程、操作条件、步骤或者流程等方法技术特征加以限定。

②限定该独立权利要求保护范围的技术特征的用词应当清楚，即应当采用国家统一规定的技术术语，不得使用行话、土话或自行编造的词语，不得使用含义不确定的词语，不得使用导致保护范围不清楚的词语。

③前序部分所写明的技术特征也必须是本发明或实用新型的技术特征，即这部分应当写明本发明或实用新型与最接近的现有技术共有的技术特征，切不可写入那些只属于最接近的现有技术，而不属于本申请的技术特征。

④对于那些已写入前序部分的、与最接近的现有技术所共有的技术特征，切不可在特征部分重复描述，只可在特征部分对其作进一步限定。

⑤对于特征部分进一步写明的技术特征，应当尽可能从前序部分的共有技术特征出发加以说明，至少要给出这些技术特征与前序部分中的某个共有技术特征之间的关系。

⑥产品独立权利要求除了列出产品的部件或结构外，还应当写明各部件或各

结构之间的位置关系或相互作用关系。

（2）独立权利要求应当反映出与现有技术的区别，使其限定的发明或实用新型的技术方案相对于已获知的现有技术具有新颖性和创造性。

专利法对发明和实用新型取得专利权必须具备的新颖性、创造性和实用性作了具体规定。作为从整体上反映发明或实用新型技术方案、限定专利权保护范围的独立权利要求，理所当然也应满足此要求。为此，在撰写独立权利要求书时，首先将发明与最接近现有技术共有的必要技术特征写入前序部分；在这之后，一定要将反映发明突出的实质性特点和显著的进步或者反映实用新型实质性特点和进步的区别技术特征写入特征部分，使该独立权利要求满足新颖性、创造性的要求。

（3）独立权利要求应当从整体上反映发明或实用新型的技术方案，记载解决技术问题的必要技术特征。

专利法实施细则的规定实际上包含两方面的含义：

①独立权利要求应当包括解决发明或实用新型技术问题所必须具备的全部必要技术特征。对产品权利要求来说，不仅要给出解决技术问题所必需的部件，对于这些部件，还应当写明对解决技术问题来说必不可少的，又不属于该领域技术人员普通知识范畴的具体结构及其相对位置关系或作用关系；对方法权利要求来说，不仅要写明该方法的步骤，对每一步骤还应当给出解决技术问题必不可少的，又不属于该领域技术人员普通知识范畴的操作过程和工艺条件。

②独立权利要求只需从整体上反映发明或实用新型的技术方案，不必写入该发明或实用新型的非必要技术特征，即不必写入进一步解决其技术问题的附加技术特征。否则，独立权利要求保护范围过窄，使该专利申请得不到充分的保护。

（4）独立权利要求所限定的技术方案应当以说明书为依据。

对于独立权利要求来说，为了得到说明书的支持，在撰写时应该注意下述三点：

①独立权利要求描述的技术方案至少应体现在说明书第五部分的一个具体实施方式中。如果说明书中任何一个具体实施方式都未包含独立权利要求的全部技术特征，那么该权利要求就没有得到说明书的支持。

②独立权利要求中出现的概括性描述（包括上位概念）或功能性描述应能从说明书第五部分具体实施方式中记载的内容自然而合理地推出。

③独立权利要求描述的技术方案应当记载在说明书第三部分，即发明或实用新型内容部分，以发明或实用新型必要技术特征总和的形式阐明其实质。

（5）一件专利申请中，多项并列独立权利要求应当属于一个总的发明构思，满足单一性要求。

如何确定一组发明或实用新型属于一个总的发明构思呢？如果一组发明或实用新型的技术方案之间存在着技术上的联系，这种技术上的联系具体表现在：其相应的权利要求在技术上相互关联，包含一个或多个相同的或相应的特定技术特征（其中的特定技术特征是指一项发明或实用新型作为一个整体考虑时对解决现有技术存在的问题做出贡献的技术特征），那么，就可以认为这一组发明或实用新型属于一个总的发明构思。

对于同类发明或实用新型（实用新型仅限于同类产品）来说，如果它们解决同一技术问题、技术方案的构思相同（具有相同或相应的特定技术特征）、取得效果相近，就可以认为属于一个总的发明构思，满足单一性要求。

对于不同类型发明来说，如果它们解决的技术问题实质相同，技术方案中存在着相应的特定技术特征，以此体现技术上的联系，作为整体解决了现有技术的问题，就可以认为它们属于一个总的发明构思，满足单一性要求。

4.5.4 从属权利要求的撰写要求

1. 从属权利要求的撰写格式

通常从属权利要求也包括两个部分：引用部分和限定部分。引用部分应当写明所引用的权利要求的编号及其主题名称，通常先写编号，再重述所引用的权利要求所要求保护的技术方案的主题名称。例如，权利要求1请求保护的技术方案为一种能识别安全和危险电压的试电笔，其主题名称是试电笔，则引用此权利要求1的从属权利要求的引用部分可写成："按照权利要求1所述的试电笔……" 限定部分紧接在该引用句之后，对于独立权利要求按照两部分格式撰写的，其从属权利要求的限定部分也以"其特征是……"开始，然后写明发明或实用新型的附加技术特征，对其引用的权利要求作进一步限定。

2. 从属权利要求的实质性要求

从属权利要求撰写的实质性要求包括三个方面：

(1) 从属权利要求应当清楚地描述发明或实用新型。

作为权利要求书的一部分，从属权利要求也应当清楚地描述发明或实用新型。

对于从属权利要求，为了清楚、正确地描述发明或实用新型，除了要满足前面权利要求书撰写中所提到的权利要求类型清楚和文字表达清楚外，还需注意下述三点：

①从属权利要求的限定部分应当用附加技术特征对引用的权利要求作进一步限定，这些附加技术特征可以是对引用权利要求技术特征的进一步限定的技术特

征，也可以是增加的技术特征。在前者情况下，这些附加技术特征应尽量从引用的权利要求的技术特征出发来加以说明；而在后一种情况下，应清楚地表达这些附加技术特征与引用权利要求中的某个或某些技术特征之间的结构位置关系或作用关系。

②在限定部分不要重复其引用权利要求中的技术特征，以免造成对其保护范围的错误表达。

③从属权利要求的引用关系应当正确，以确保从属权利关系清楚地表述其保护范围。为此，从属权利要求限定部分作进一步限定的技术特征应当是在其引用的权利要求中出现过的技术特征，或者在限定部分应当写明附加技术特征与引用的权利要求的技术特征之间的关系。此外，表述的两项并列技术方案的从属权利要求之间不得相互引用。

（2）从属权利要求的类型和主题名称应当与其引用权利要求的类型和主题名称相一致，即其要求保护的技术方案仍应该涉及其引用权利要求的整个产品或方法，不可变为其引用权利要求中的一个部件或一个工艺步骤，也不要将其要求保护的主题变为以其所引用权利要求的主题为其部件或其工艺步骤的技术方案。

（3）从属权利要求的保护范围应当落在其引用权利要求的保护范围之内。由于从属权利要求是用附加技术特征对其引用的权利要求作进一步限定，因此从属权利要求的保护范围应当落在其引用的权利要求保护范围之内，即从属权利要求的保护范围应当比其引用权利要求的保护范围窄，为此，从属权利要求不能采用替代的方式来撰写，即不得写成：“用……来代替……”此外，从属权利要求限定部分也不得写成不包含其引用权利要求中的某个技术特征。

3. 从属权利要求的形式要求

专利法实施细则和审查指南对从属权利要求的撰写提出了五方面的形式要求：

（1）从属权利要求只能引用其前面的权利要求，不能引用在其后面的权利要求。

（2）引用两项以上权利要求的多项从属权利要求只能以择一方式引用在前的权利要求，即只能用“或”及其等同语，不得用“和”及其等同语。

（3）多项从属权利要求不得作为另一项多项从属权利要求的引用基础，即多项从属权利要求不得直接或间接地引用另一项多项从属权利要求。

（4）有几项从属权利要求时，其引用有先后层次，要有顺序地引用。

（5）直接或间接从属于某一项独立权利要求的所有从属权利要求都应当写在该独立权利要求之后，另一项独立权利要求之前；从而一项从属权利要求不能同时引用在前的两项或两项以上的独立权利要求。

4.6 发明专利和实用新型专利申请说明书

4.6.1 说明书的组成

发明或者实用新型专利申请的说明书应当写明发明或者实用新型的名称，该名称应当与请求书中的名称一致。说明书通常应当包括以下五个部分内容，按照下列顺序撰写，并在撰写时在每一部分前面写明该部分的标题：

（1）技术领域：写明要求保护的技术方案所属的技术领域。

（2）背景技术：写明对发明或者实用新型的理解、检索、审查有用的背景技术；有可能的话，引证反映这些背景技术的文件。

（3）发明内容：写明发明或者实用新型所要解决的技术问题以及解决其技术问题所采用的技术方案，并对照现有技术写明发明或者实用新型的有益效果。

（4）附图说明：说明书有附图的，对各幅附图作简略说明。

（5）具体实施方式：详细写明申请人认为实现发明或者实用新型的优选方式；必要时，举例说明；有附图的，对照附图。

4.6.2 说明书撰写的基本要求

申请说明书最基本的要求是“清楚”“完整”和“能够实现”。清楚是指简洁、明确，没有含糊不清的地方，所属领域的技术人员容易理解。

4.6.2.1 明确

1. 主题明确

说明书应当从现有技术出发，明确反映出发明或者实用新型要做什么，以及如果去做，所属领域的技术人员能够确切地理解该发明或实用新型要求保护的主题（产品或方法）。也就是说，说明书应当写明发明或实用新型所要解决的技术问题以及解决该技术问题所采用的技术方案，并对应现有技术的有益效果。

2. 方案明确

说明书所写到的要解决的技术问题能够由所提出的技术方案完成，并且在描述技术方案时，明确全部特征，包括已知特征和区别特征、必要特征和附加特征，而且要明确区分已知技术特征和区别技术特征，以便所属领域的技术人员理解和辨认。

在需要结合附图和具体实施方式对技术方案进行说明时，提供的附图要能说明方案的本质，如实用新型附图必须反映产品的形状、构造以及它们的结合。

3. 效果明确

发明或实用新型的有益效果应当适当地说明或者有实验数据支撑，能使所属领域的技术人员信服。

4. 用词准确

说明书应当使用所属领域的技术术语，不能随意使用一些只有发明人自己才能明白的词语。

对于自然科学名词，国家有规定的，应当采用统一的术语；国家没有规定的，可以采用所属技术领域约定俗成的术语，也可以用鲜为人知的科技术语等。总之对于所属领域的技术人员来说必须清楚，不会造成理解上的错误；必要时也可以采用自定义词，不过需要给出明确的定义或者说明。

4.6.2.2 完整

由前面所述，一份完整的说明书应当包括有关理解和实现发明或实用新型的全部技术内容，即技术领域、背景技术、发明内容、附图说明和具体实施方式。

4.6.2.3 能够实现

能够实现是指所属的技术领域的技术人员根据说明书所描述的技术内容，能够再现发明或者实用新型方案，解决其技术问题，并产生预期的技术效果。如果该项发明是一种产品，就能够按照说明书的技术方案制造出来，并能够实现其技术功能和技术效果。

4.6.3 说明书的撰写

专利申请文件中的说明书用来详细说明发明或实用新型的具体内容，主要起着向社会公众公开发明或实用新型技术内容的作用。此外，说明书还有一个作用就是解释权利要求。专利的保护范围是根据权利要求内容确定的，不是严格按照权利要求的字面含义来确定。如果权利要求中的文字可以有多种解释或者对其所表示的技术特征有疑义时可用说明书（包括附图）来解释，以确定权利要求的保护范围。因此，说明书是发明和实用新型专利申请中的基础文件，其撰写的好坏也会影响到该专利申请能否被授予专利权和专利申请的审批速度。这里将对说明书各个组成部分的撰写作进一步说明。为清楚起见，本书以“可识别安全和危险电压的试电笔”为例。

通常撰写专利申请文件时，在充分理解发明和实用新型内容的基础上，先起草权利要求书，然后再撰写说明书。在前面已经给出“可识别安全和危险电压试电笔”的三项并列独立权利要求，现以此三项并列独立权利要求为基础来撰写说明书。

4.6.3.1　发明或者实用新型的名称

通常可以根据权利要求中请求保护的技术方案的主题名称来确定发明或实用新型名称。如果权利要求书中仅有一项独立权利要求，或者有多项技术方案主题名称相同的独立权利要求，就可用独立权利要求技术方案的主题名称作为发明或者实用新型的名称；如果权利要求书中有多项独立权利要求，且它们所请求保护的技术方案的主题名称不一样，则发明或者实用新型的名称应当反映这些独立权利要求技术方案的主题名称和发明的类型。当反映多项独立权利要求技术方案主题名称的发明名称过长（超过25个字）时，对后几项并列独立权利要求的主题名称可采用简写方式。

试电笔专利申请虽有三项独立权利要求，但都是产品发明，即可识别安全和危险电压的试电笔，从国际专利分类表中查到其相应小组 G01 R19/155 的小组名为指示电压存在的装置，故可用它来作为本发明的名称。但从采用本技术领域的通用技术名词和尽量反映其特定用途和应用领域这两点来考虑，采用“试电笔”作为权利要求中所请求保护的技术方案的主题名称以及本发明专利申请的名称更好，它不仅包含了“指示电压存在装置”的全部含义，而且是更通用的技术名词，更能反映发明所请求保护客体的用途或应用领域。

有的申请人认为此试电笔是用来识别安全和危险电压的，希望把这个特点写到名称中去，成为“可识别安全和危险电压的试电笔”，以便揭示本发明的优点。若现有技术中已出现过识别安全和危险电压的试电笔，则可采用此名称；若本发明是第一次提供能识别安全和危险电压的试电笔，则用“试电笔”作为发明名称更好。

4.6.3.2　发明或者实用新型的技术领域

发明或实用新型所属的技术领域是发明或实用新型专利说明书正文部分的第一段，写好这句话非常重要。读者可以根据技术领域明确检索到的发明或实用新型属于哪个技术领域的技术方案，是否是需要的发明或者实用新型。在实际撰写中，所属技术领域的陈述比较简单，这部分常用的格式语句是：

“本发明（或本实用新型）涉及一种……”或“本发明（或本实用新型）属于……”

发明或实用新型的技术领域是指发明或实用新型所属或者直接应用的技术领域，既不是发明或实用新型所属或者应用的广义技术领域，也不是其相邻技术领域，更不是发明或实用新型本身。因此，对于本申请案来说，不可写成“电工测量仪器”，也不可写成“借助分流电阻支路来识别安全和危险电压的试电笔”，前者为广义技术领域，后者为发明本身。

一般来说，可按国际专利分类表确定直接所属的技术领域，尽可能地确定在最低的分类位置上。通常其内容应与独立权利要求的前序部分相应，但可以更简洁些。

这一部分也应体现发明或实用新型要求保护的技术方案的主题名称以及发明的类型。如发明的是一种产品和该产品的制造方法，则发明所属技术领域也应包括产品和其制造方法。

综上所述，本申请案这部分可写成：

“本发明涉及一种指示电压存在的装置，主要是由绝缘外壳、测试触头、限流电阻、氖管和手触电极组成的试电笔。”

4.6.3.3　发明或者实用新型的背景技术

发明和实用新型以解决现有技术中存在的问题作为要解决的技术问题，所以这部分应对申请日前的现有技术进行描述和客观评价，即记载就申请人所知，对理解、检索、审查该申请有参考作用的背景技术。

除开拓性发明外，至少要引证一篇与本申请最接近的现有技术，必要时可再引用几篇较接近的对比文件，以便使公众和审查员了解现有技术大体发展状况以及本申请与现有技术之间的关系，但不必详细说明形成现有技术的整个发展过程。

下面简要介绍现有技术需包括的三个方面内容：

(1) 注明其出处，通常可采用给出对比文件（专利文献或非专利文献）或指出公知公用情况两种方式；

(2) 简要说明其主要结构和原理，一般不必结合附图作详细描述；

(3) 客观地指出其存在的主要问题。

背景技术常用的语句是：“在现有技术中（或已有技术中）有，……如×××文献公布了一种……产品（方法），……就试电笔申请来说，检索到一份美国专利说明书 US—2213973 A，它披露的试电器与目前市场上购买到的普通试电笔大体相似。”就本例而言，这一部分可先指出美国专利说明书 US—2213973 A 公开了一种结构与目前市场上购买到的普通试电笔基本相似的试电器，简单描述其主要结构是由测试触头、氖管、手触电极和外壳组成；在此基础上重点介绍最接近的现有技术，即目前市场上可购买到的普通试电笔，指出其测试回路由测试触头、限流电阻、氖管、金属弹簧和手触电极串接而成，并简述其如何指示被测金属体带电，最后指出其存在的主要问题——不能区分被测金属体所带电势是否对人体有危险。

4.6.3.4　发明或者实用新型的内容

发明或者实用新型的内容部分一般包括三方面的内容：发明或者实用新型要解决的技术问题、解决其技术问题所采用的技术方案以及发明或者实用新型相对于现有技术所带来的有益效果。

需要说明的是，这一部分只要反映上述三方面的内容即可，并不要求必须按顺序分成三方面来写。但是最好先针对现有技术，尤其是最接近的现有技术存在的问题提出本发明或实用新型所要解决的技术问题；然后再写明解决该技术问题的技术方案和该技术方案所带来的有益效果。在撰写后两方面时，可以先描述独立权利要求的技术方案，接着写明该独立权利要求带来的有益效果，然后再针对重要的从属权利要求写明对本发明或者实用新型做出进一步改进的技术方案，并说明其带来的有益效果；也可以先描述独立权利要求的技术方案，接着另起段给出重要的从属权利要求的技术方案，然后再分析独立权利要求的技术方案和这些重要的从属权利要求所带来的有益效果。

下面分别对这三方面内容的撰写做出说明。

1．发明或者实用新型要解决的技术问题

在对背景技术作简要描述和评价的基础上，针对现有技术，尤其是最接近的现有技术所存在的问题结合本发明或者实用新型所能取得的技术效果提出本发明或实用新型要解决的技术问题，也就是本发明或实用新型要解决的任务。这一部分应以社会对其客观需要为依据，用尽可能简洁的语言客观而有根据地阐明。

这一部分采用的格式语句是："本发明（或本实用新型）要解决的技术问题是提供一种……"

对于本申请案来说，由于只涉及产品试电笔，因此发明要解决的技术问题只需反映是针对试电笔提出的即可。为了直接、清楚地写明其要解决的技术问题，不应将其写成"提供一种使用方便的试电笔"，因为未体现出要解决什么技术问题。当然，写成"本发明要解决的技术问题是提供一种带分流电阻支路的试电笔"也不合适，因为其中"分流电阻支路"是技术方案的主要内容，而不是其要解决的技术问题。同样，也不要将其写成"提供一种利用分流电阻支路来区分安全和危险电压的试电笔"，因为该要解决的技术问题中包含了技术方案的主要内容。对于本例，建议将其写成："本发明要解决的技术问题是提供一种能区分安全和危险电压的试电笔。"或者写成："本发明要解决的技术问题是提供一种电工试电笔，它能方便地区分被测金属体是带有危险的触电电压还是没有危险的感应电势。"

2．发明或实用新型的技术方案

通常首先用一个自然段说明发明或实用新型的主要构思，以发明必要技术特征总和形式来阐明发明或实用新型的实质。

对于只有一项独立权利要求的申请案来说，这一段应针对独立权利要求的技术方案进行描述，其用语应当与独立权利要求的用语相同或相应，即采用独立权利要求的概括性词句来阐明其技术方案。

对于有两项或两项以上同类型发明或实用新型的独立权利要求的申请案来说，最好先用一个自然段来说明这些权利要求技术方案的共同构思，然后再用几个自然段分别描述这几项独立权利要求的技术方案。当然也可以直接分成几个自然段分别描述这几项独立权利要求的技术方案，但此时最好在文字上能明显体现它们之间属于一个总的发明构思。

对于有两项或两项以上不同类型发明独立权利要求的申请案来说，应分两个或多个自然段描述，所描述的内容应体现出这些独立权利要求属于一个总的发明构思，而且分别用相应的独立权利要求的词句来阐明它们的技术方案。

对于上述三种情况，还要分别对其重要的从属权利要求的附加技术特征进行简单描述。每个重要的从属权利要求，可以用一个自然段来描述。

说明书这一部分所记载的技术方案应当与权利要求所限定的技术方案的表述相一致。

对本申请案来说，权利要求书中包括三项产品独立权利要求，因此最好先用一个自然段来描述这三项独立权利要求的共同发明构思。可按下述方式撰写：

“为解决上述技术问题，本发明所采用技术方案的基本构思是：在普通试电笔中设置一条分流电阻支路，测试时该分流电阻支路与限流电阻、氖管支路处于并联、断开两种工作状态。”

然后，再用三个自然段分别描述第一独立权利要求和两项并列独立权利要求的具体技术方案。在第一个自然段中指出用一个识别电极来达到使分流电阻支路与限流电阻、氖管支路处于并联、断开两种工作状态，在第二个和第三个自然段分别指出用微动开关或按键式手触电极来实现使分流电阻支路与限流电阻、氖管支路可处于并联、断开两种工作状态。

当然对本申请案上述三个技术方案来说，其将分流电阻和限流电阻构成一个E形纵截面的同心电阻是一个比较重要的改进方案，因此应当再用一个自然段写明该从属权利要求的技术方案。

3．发明或实用新型与背景技术相比的有益效果

这部分内容与发明或实用新型要解决的技术问题有关，但又不相同。要解决的技术问题是指发明或者实用新型所要解决的现有技术中存在的技术问题；而有益效果是指发明或者实用新型与现有技术相比具有的优点，也就是构成本发明或实用新型技术方案的技术特征所带来的有益效果。

在说明发明或实用新型的有益效果时应具体进行分析，通常可以采用对发明或者实用新型结构特点的分析和理论说明相结合的方式，或者通过列出实验数据

的方式予以说明，不得只断言发明或者实用新型具有有益的效果，尤其是不得采用广告性语言，作不切实际的宣传。通常可采用下述三种方式之一或将其结合起来描述：

（1）对结构特征或作用关系进行分析的方式；

（2）用理论说明的方式；

（3）用实验数据证明的方式。

对于本申请案，可采用对结构特点的分析和理论说明相结合的方式来说明有益效果。从该试电笔中增加分流电阻支路这个技术特征出发，对该试电笔的电路进行分析，从而说明该试电笔与最接近的现有技术相比能起到识别安全和危险电压的作用，以及结构简单、成本低等有益效果。

4.6.3.5　附图说明

对于实用新型专利申请以及说明书有附图的发明专利申请，在发明或实用新型的内容之后应当给出附图说明。

这部分通常以下述格式句开始："下面结合附图对本发明（或实用新型）的具体实施方式作进一步详细的说明。"，在这之后再集中给出各幅附图的图名。

对于本申请案来说，共有四幅附图，这部分应集中描述一下这四幅附图的图名。

4.6.3.6　发明或实用新型的具体实施方式

说明书中这部分内容是说明书充分公开发明或实用新型的关键所在，是公众理解、实施该发明和实用新型的关键所在，因此，这部分应当详细、具体地描述实现发明或实用新型的优选方式，在适当情况下举例说明，从而清楚地说明整个发明或实用新型如何通过独立权利要求的必要技术特征以及从属权利要求中的附加技术特征来解决发明或实用新型的技术问题，使所属技术领域的普通技术人员按照其记载能够实现发明或实用新型。对于实用新型以及说明书有附图的发明，这部分应结合附图进行描述。

此外，权利要求书是否得到说明书的支持也取决于这一部分的撰写。除少数特别简单的情况，这部分至少应该给出一个最佳实施方式或具体实施方式。如果独立权利要求中出现概括性（上位概念概括、并列选择概括或功能性限定）的技术特征，这部分应当给出几个实施方式，除非这种概括对于本领域技术人员来说是显而易见的。此外，所有从属权利要求的优选方案也应当在这一部分的具体实施方式中得到体现。

这一部分一般不必给出产品结构的具体尺寸，不要将化学领域的特殊要求不恰当地应用到机械、电学和物理领域来。在化学领域中的具体工艺条件如温度、压力等可作为技术方案实施例中的参数选择，而在机械、电学和物理领域，只有当这些具体结构尺寸有特定的选择含义才需要以实施例给出。通常，对产品发明或实用新型来说，不同实施方式是指那些有同一构思但结构不同的实施方式，而不是具体的结构尺寸。

在试电笔申请案中，有三个具体实施方式：一个采用分流电阻和识别电极来解决其技术问题，另一个是采用分流电阻和微动开关，第三个是采用分流电阻和按键式手触电极。这一部分应当分别对此三个具体实施方式进行描述。但描述时，可重点描述其中一个，如采用分流电阻和识别电极的技术方案，另外两个在这基础上作简要描述，相同的内容可省略。

第5章　实用新型专利申请文件撰写案例

【知识点】

- 电路产品类实用新型专利申请说明书的撰写方法
- 机械产品类实用新型专利申请说明书的撰写方法
- 说明书摘要
- 说明书附图

【学习目标】

- 独立撰写专利说明书

5.1　电路产品类：一种汽车涉水远程报警装置

5.1.1　一种汽车涉水远程报警装置的说明书摘要

扫一扫，观看
“一种汽车涉水远程
报警装置的说明书摘要”

本实用新型公开了一种汽车涉水远程报警装置，包括测距装置、单片机控制系统、电话拨号电路和通信电路。该单片机控制系统的输入端与该测距装置的输出端连接，该单片机控制系统的输出端与该电话拨号电路连接。所述单片机控制系统用于将所述测距装置测得的水位高度值与设定安全高度值进行比较，以及在水面与底盘之间的距离小于设定高度值时向电话拨号电路发出拨号指令。所述电话拨号电路用于在接收到所述拨号指令后拨打所述预留的电话号码，通过通信电路向车主的电话发送呼叫信号。通过本实用新型的汽车涉水远程报警装置，车主在接收到信号后及时转移车辆或采取其他措施，避免了财产损失。本实用新型还具有结构简单、成本低、易于推广的优点。

5.1.2 一种汽车涉水远程报警装置的摘要附图

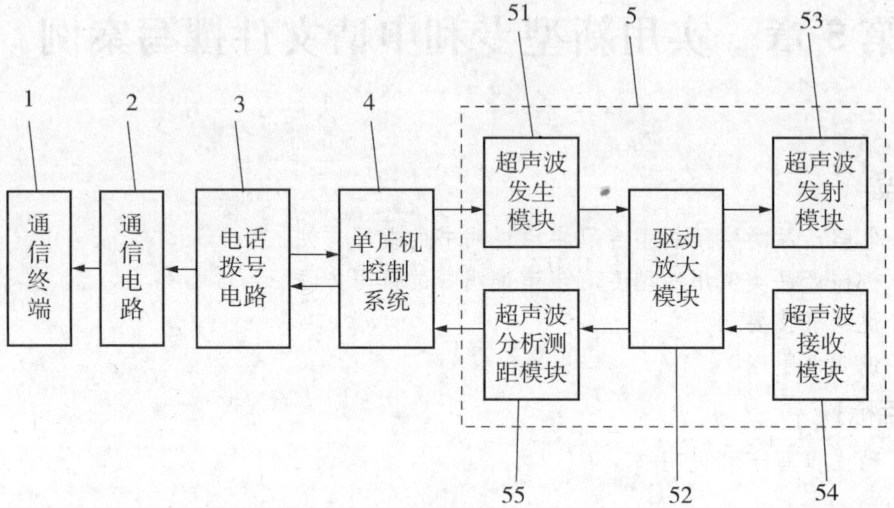

5.1.3 一种汽车涉水远程报警装置的权利要求书

扫一扫，观看“一种汽车涉水远程报警装置的权利要求书”

（1）这种汽车涉水远程报警装置的特征在于：包括测距装置、单片机控制系统、电话拨号电路和通信电路，该单片机控制系统的输入端与该测距装置的输出端连接，该单片机控制系统的输出端与该电话拨号电路连接；所述单片机控制系统用于将所述测距装置测得的水位高度值与设定安全高度值进行比较，以及在水面与汽车底盘之间的距离小于设定安全高度值时向电话拨号电路发出拨号指令；所述电话拨号电路用于在接收到所述拨号指令后拨打所述预留的电话号码，通过通信电路向车主的电话发送呼叫信号。

（2）根据权利要求 1 所述的汽车涉水远程报警装置，其特征在于：所述测距装置包括超声波发生模块、驱动放大模块、超声波发射模块、超声波接收模块和超声波分析测距模块，其中驱动放大模块用于将超声波发生模块产生的超声波信号进行放大，并将放大后的超声波信号发送给超声波发射模块进行发射，以及将超声波接收模块接收的超声波信号进行放大，并将放大后的超声波信号发送给超声波分析测距模块；超声波分析测距模块用于测试出超声波信号在移动终端与目标物之间的往返时间，根据测算的往返时间计算出移动终端与目标物之间的距离信息。

(3) 根据权利要求1和2所述的汽车涉水远程报警装置，其特征在于：还包括蜂鸣器，该蜂鸣器与所述单片机控制系统的输出端连接。

5.1.4　一种汽车涉水远程报警装置的说明书

一种汽车涉水远程报警装置

技术领域

本实用新型涉及一种用通信传输的报警系统，尤其是一种汽车涉水远程报警装置。

扫一扫，观看
“一种汽车涉水远程报警装置的说明书”

背景技术

近年来，因强降水而造成众多汽车被淹的事件屡有发生。汽车被水淹没后，由于车主不知情而未及时转移汽车，造成汽车在水中长时间浸泡。因混合后的雨水腐蚀性很强，会影响电器功能，尤其影响以后的使用，造成巨大的财产损失。例如，2010年的“5·7特大暴雨”，据广东保监局的统计，广东省各保险机构共接受涉及车险报案数1.824万件，初步估计损失金额1.7亿元。

发明内容

本实用新型的目的在于提供一种汽车涉水远程报警装置，其在水位高度值超过设定安全高度值时进行远程报警通知车主，以减少经济损失。

本实用新型采用的是一种汽车涉水远程报警装置，包括测距装置、单片机控制系统、电话拨号电路和通信电路，该单片机控制系统的输入端与该测距装置的输出端连接，该单片机控制系统的输出端与该电话拨号电路连接；所述单片机控制系统用于将所述测距装置测得的水位高度值与设定安全高度值进行比较，以及水面与底盘之间的距离小于设定安全高度值时向电话拨号电路发出拨号指令；所述电话拨号电路用于在接收到所述拨号指令后拨打所述预留的电话号码，通过通信电路向车主的电话发送呼叫信号。

所述测距装置包括超声波发生模块、驱动放大模块、超声波发射模块、超声波接收模块和超声波分析测距模块，其中驱动放大模块用于将超声波发生模块产生的超声波信号进行放大，并将放大后的超声波信号发送给超声波发射模块进行发射，以及将超声波接收模块接收的超声波信号进行放大，并将放大后的超声波信号发送给超声波分析测距模块；超声波分析测距模块用于测试出超声波信号在移动终端与目标物之间的往返时间，根据测算的往返时间计算出移动终端与目标物之间的距离信息。

还包括蜂鸣器，该蜂鸣器与所述单片机控制系统的输出端连接。

与现有技术相比，本实用新型具有以下优点：

（1）本实用新型的汽车涉水远程报警装置，在车底的水位高度值超过设定安全高度值时，通过拨打车主的电话，提醒车主，其汽车将要被淹，车主接收到电话后及时将汽车进行转移，避免了财产损失。

（2）本实用新型的汽车涉水远程报警装置，结构简单，成本低，易于推广。

附图说明

图 1 是本实用新型实施例的汽车涉水远程报警装置的原理框图。

附图标记说明：1—通信终端，2—通信电路，3—电话拨号电路，4—单片机控制系统，5—测距装置，51—超声波发生模块，52—驱动放大模块，53—超声波发射模块，54—超声波接收模块，55—超声波分析测距模块。

具体实施方式

下面结合附图对本实用新型的实施例进行详细说明：

如图 1 所示，本实用新型的汽车涉水远程报警装置，包括测距装置 5、单片机控制系统 4、电话拨号电路 3 和通信电路 2。该单片机控制系统 4 的输入端与该测距装置 5 的输出端连接，该单片机控制系统 4 的输出端与该电话拨号电路 3 连接；所述单片机控制系统 4 用于将所述测距装置 5 测得的水位高度值与设定安全高度值进行比较，以及在水面与底盘之间的距离小于设定安全高度值时向电话拨号电路 3 发出拨号指令；所述电话拨号电路 3 用于在接收到所述拨号指令后拨打所述预留的电话号码，通过通信电路 2 向车主的电话发送呼叫信号。

测距装置 5 包括超声波发生模块 51、驱动放大模块 52、超声波发射模块 53、超声波接收模块 54 和超声波分析测距模块 55，其中驱动放大模块 52 用于将超声波发生模块 51 产生的超声波信号进行放大，并将放大后的超声波信号发送给超声波发射模块 53 进行发射，以及将超声波接收模块 54 接收的超声波信号进行放大，并将放大后的超声波信号发送给超声波分析测距模块 55；超声波分析测距模块 55 用于测试出超声波信号在移动终端与目标物之间的往返时间，根据测算的往返时间计算出移动终端与目标物之间的距离信息。测距装置 5 除了采用超声波测距装置之外，还可以采用其他测距装置，比如激光测距仪。

汽车涉水远程报警装置还可以扩充蜂鸣器，该蜂鸣器与单片机控制系统 4 的输出端连接，以实现近距离报警。

本实用新型的汽车涉水远程报警装置的工作原理为：汽车涉水远程报警装置通电后首先进行系统初始化，然后由单片机控制系统 4 控制超声波发生模块 51 产生超声波，产生的超声波由驱动放大模块52放大以后发送给超声波发射模块53进行发射，发射出去的超声波碰到水面后反射回来被超声波接收模块54接收到，接收到的超声波经驱动放大模块52放大，将放大后的超声波信号发送给超声波分析测距模块55；超声波分析测距模块55测试出超声波信号在移动终端与目标物之间的往返时间，根据往返时间计算出移动终端与目标物之间的距离信息。单片机控制系统4将测距装置5测得的水位高度值与设定安全高度值的设定距离值进行比较，在水面与底盘之间的距离小于设定安全高度值时向电话拨号电路3发出拨号指令，电话拨号电路3在接收到拨号指令后拨打预留的电话号码通知车主，车主的通信终端1（比如手机）接收到信息以便及时转移车辆或采取其他措施。

以上仅为本实用新型的具体实施例，并不以此限定本实用新型的保护范围；在不违反本实用新型构思的基础上所作的任何替换与改进，均属本实用新型的保护范围。

扫一扫，观看“一种汽车涉水远程报警装置的说明书附图”

5.1.5　一种汽车涉水远程报警装置的说明书附图

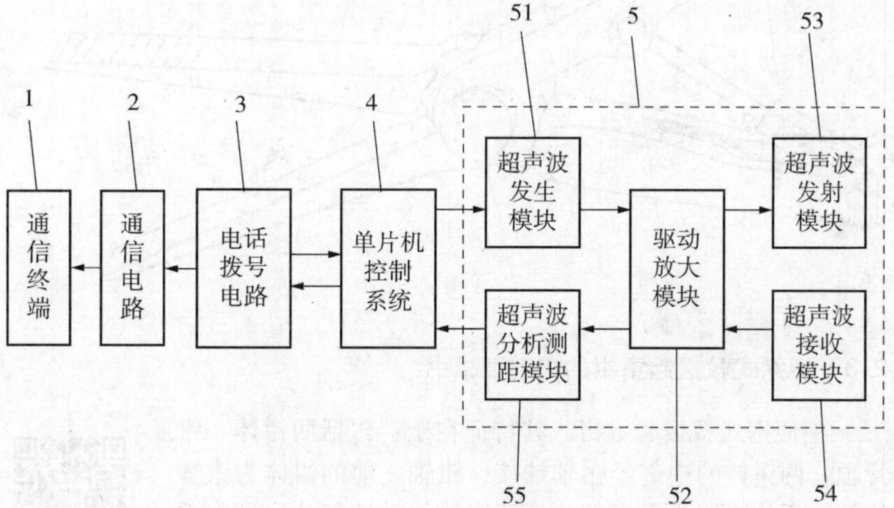

图1

5.2 机械产品类：便携式救援起重钳

扫一扫，观看
“便携式救援起重钳的说明书摘要”

5.2.1 便携式救援起重钳的说明书摘要

本实用新型公开了一种便携式救援起重钳，包括两钳体、钳轴和千斤顶，两钳体的中部经钳轴铰接，钳轴之前的钳体为钳嘴部分，钳轴之后的钳体为手柄部分，两钳体的手柄部分分别与千斤顶的缸体和顶杆连接。本实用新型结构紧凑，体积小，适用于狭小空间作业，而且携带方便，适用于野外救援作业。此外，还具有省力的优点。

5.2.2 便携式救援起重钳的摘要附图

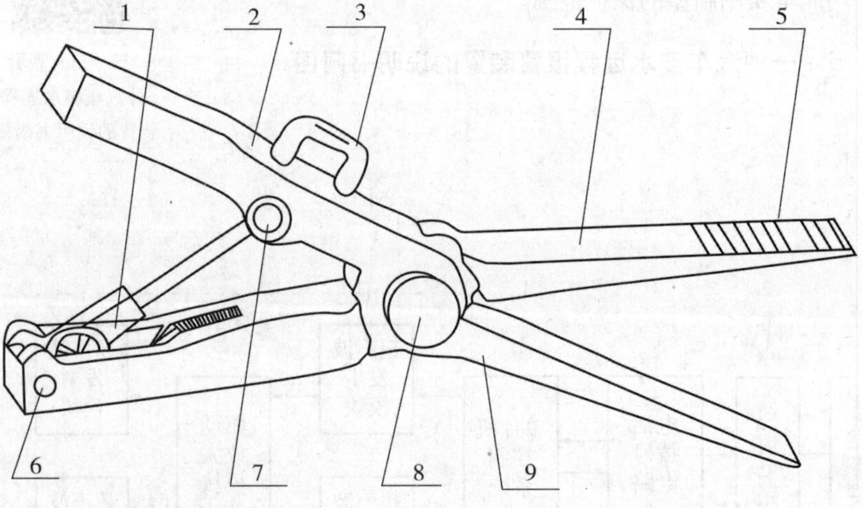

5.2.3 便携式救援起重钳的权利要求书

（1）一种便携式救援起重钳，其特征在于：包括两钳体、钳轴和千斤顶，两钳体的中部经钳轴铰接，钳轴之前的钳体为钳嘴部分，钳轴之后的钳体为手柄部分，两钳体的手柄部分分别与千斤顶的缸体和顶杆连接。

扫一扫，观看
“便携式救援起重钳的权利要求书”

（2）根据权利要求 1 所述的便携式救援起重钳，其特征在于：起重钳闭合时，所述两钳体的钳嘴部分的内侧相贴合，两钳嘴部分贴合后的厚度从后至前逐渐变薄。

（3）根据权利要求1所述的便携式救援起重钳，其特征在于：在所述两钳体的钳嘴部分的外侧设有防滑齿。

（4）根据权利要求1所述的便携式救援起重钳，其特征在于：所述两钳体的手柄部分的横断面为倒角四边形或倒角梯形。

（5）根据权利要求1至4任一所述的便携式救援起重钳，其特征在于：所述两钳体其中之一为下钳体，另一个为上钳体，下钳体的手柄部分位于上钳体的手柄部分的下方，所述缸体的底端与下钳体的手柄部分的后端经第一铰链连接，所述顶杆的顶端与上钳体的手柄部分的内侧中部经第二铰链连接。

（6）根据权利要求5所述的便携式救援起重钳，其特征在于：在所述下钳体的手柄部分的内侧设有用于放置所述千斤顶的槽，当起重钳闭合时，千斤顶全部容纳于该槽中。

（7）根据权利要求5所述的便携式救援起重钳，其特征在于：在所述上钳体的手柄部分的外侧设有把手。

（8）根据权利要求7所述的便携式救援起重钳，其特征在于：所述千斤顶为手摇式千斤顶、液压式千斤顶或电动式千斤顶。

5.2.4　便携式救援起重钳的说明书

扫一扫，观看“便携式救援起重钳的说明书”

便携式救援起重钳

技术领域

本实用新型涉及一种起重装置，是一种便携式救援起重钳。

背景技术

目前，在救援或其他需要撬起重物时，通常采用杠杆撬起重物，根据杠杆原理可知，如果重物较重，则需要多人一起施加较大的力，或者使用更长的杠杆，因此，这种利用杠杆原理撬起重物的方法要求有一定的操作空间，而且需要很大的作用力，不适于空间狭小且重物较重的场合。采用专门的起重机虽然可以解决起动较重物体问题，但是起重机体积大、重量重，同样存在作业空间大的问题，且携带不方便。

发明内容

本实用新型的目的在于克服现有技术的缺陷，提供一种可在狭小空间作业且携带方便的便携式救援起重钳。

为了实现上述目的，本实用新型采用的技术方案是：一种便携式救援起重钳，包括两钳体、钳轴和千斤顶，两钳体的中部经钳轴铰接，钳轴之前的钳体为钳嘴部分，钳轴之后的钳体为手柄部分，两钳体的手柄部分分别与千斤顶的缸体和顶杆连接。

作为上述技术方案的优选方案，起重钳闭合时，所述两钳体的钳嘴部分的内侧相贴合，两钳嘴部分贴合后的厚度从后至前逐渐变薄，便于插入重物间的缝隙。

作为上述技术方案的优选方案，在所述两钳体的钳嘴部分的外侧设有防滑齿，增加起重钳和重物之间的摩擦力。

作为上述技术方案的优选方案，所述两钳体的手柄部分的横断面为倒角四边形或倒角梯形，避免起重钳撬起重物时倾斜。

作为上述优选方案的进一步改进，所述两钳体其中之一为下钳体，另一个为上钳体，下钳体的手柄部分位于上钳体的手柄部分的下方，所述缸体的底端与下钳体的手柄部分的后端经第一铰链连接，所述顶杆的顶端与上钳体的手柄部分的内侧中部经第二铰链连接。另外，在所述下钳体的手柄部分的内侧设有用于放置所述千斤顶的槽，当起重钳闭合时，千斤顶全部容纳于该槽中。

作为上述优选方案的进一步改进，在所述上钳体的手柄部分的外侧设有把手。

上述技术方案中，所述千斤顶为手摇式千斤顶、液压式千斤顶或电动式千斤顶。

与现有技术相比，本实用新型的优点是：结构紧凑，体积小，适用于狭小空间作业，而且携带方便，适用于野外救援作业。此外，还具有省力的优点。

附图说明

图 1 是本实用新型实施例的立体图。

附图标记说明：1—千斤顶，2—手柄部分，3—把手，4—上钳体，5—钳嘴部分，6—第一铰链，7—第二铰链，8—钳轴，9—下钳体。

具体实施方式

下面结合附图对本实用新型的实施例进行详细说明：

如图 1 所示，便携式救援起重钳主要由上钳体 4、下钳体 9、钳轴 8 和千斤顶 1 组成，上钳体 4 和下钳体 9 的中部经钳轴 8 铰接，钳轴 8 之前的钳体为钳嘴部分 5，钳轴 8 之后的钳体为手柄部分 2。在下钳体 9 的手柄部分的内侧设有用于放置千斤顶 1 的槽，当起重钳闭合时，千斤顶 1 全部容纳于该槽中。千斤顶 1 的缸体的底端与下钳体 9 的手柄部分的后端经第一铰链 6 连接，千斤顶 1 的顶杆的顶端与上钳体 4 的手柄部分的内侧中部经第二铰链 7 连接。本实施例中，千斤顶 1 采用手摇式千斤顶，也可以用液压式千斤顶、电动式千斤顶。

工作时，将起重钳的钳嘴部分5插入需要撬起的重物缝隙间，确保起重钳放置平稳后，往复旋转千斤顶1的手柄，使千斤顶1的顶杆上升，顶起起重钳的手柄部分2，从而带动钳嘴部分5张开，将重物顶起。工作完成后，反方向旋转千斤顶1的手柄，使千斤顶1的顶杆收回，带动起重钳的手柄部分2下降，同时，钳嘴部分5也合拢。

此外，为了便于插入重物间的缝隙，上钳体4和下钳体9的钳嘴部分5的内侧相贴合，两钳嘴部分5贴合后的厚度从后至前逐渐变薄。在上钳体4和下钳体9的钳嘴部分5的外侧设有防滑齿，以增加起重钳和重物之间的把持力。上钳体4和下钳体9的手柄部分2的横断面为倒角四边形或倒角梯形，以避免起重钳撬起重物时倾斜。

以上仅为本实用新型的具体实施例，并不以此限定本实用新型的保护范围；在不违反本实用新型构思的基础上所作的任何替换与改进，均属本实用新型的保护范围。

5.2.5　便携式救援起重钳的说明书附图

扫一扫，观看
“便携式救援起重钳的说明书附图”

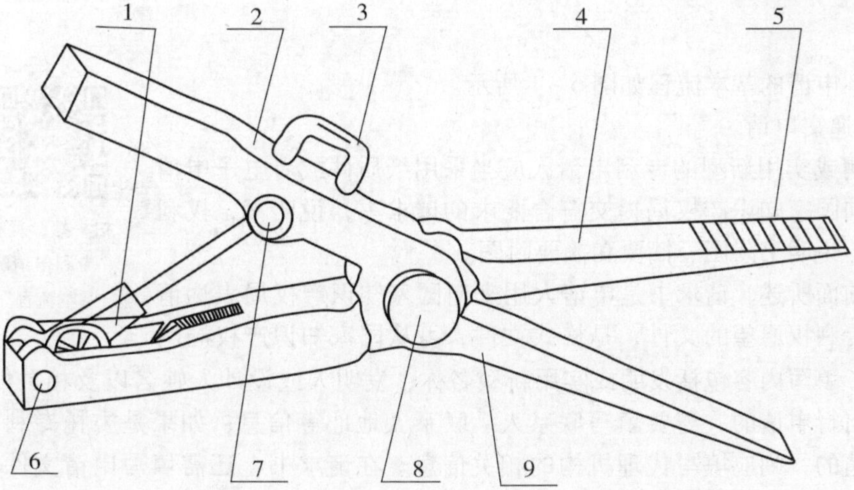

图1

第6章 专利申请

【知识点】

- 专利申请的基本流程
- 申请专利的途径
- 专利文献的检索
- 技术交底文件

【学习目标】

- 能够利用常用的检索系统进行专利检索
- 掌握技术交底文件的撰写

6.1 专利申请的基本流程

专利申请的基本流程如图6－1所示。

1. 递交申请

扫一扫，观看“专利申请的基本流程”

发明或实用新型的专利申请人应当采用纸质件或者电子申请的形式向国家知识产权局提交符合要求的请求书，说明书，权利要求书，说明书附图、摘要和摘要附图。

如前面所述，请求书是申请人用来向国家知识产权局表达请求授予专利权愿望的文件，是格式文件，可从国家知识产权局网站下载。填写内容包括发明或实用新型名称、发明人或设计人姓名以及相关信息。如果是自行申请的，需要填写联系人、联系人地址等信息；如果是委托专利代理机构申请的，则应填写代理机构的相关信息。在请求书上还需填写申请文件清单和附加文件清单，并注明权利要求项数。

如果针对同一项发明创造既申请了发明专利也申请了实用新型专利，应该分别在发明专利请求书和实用新型专利请求书中勾选同日申请选项；如果专利申请人想在发明专利申请后即进入公开准备阶段而不是等到15个月后，应该勾选提前

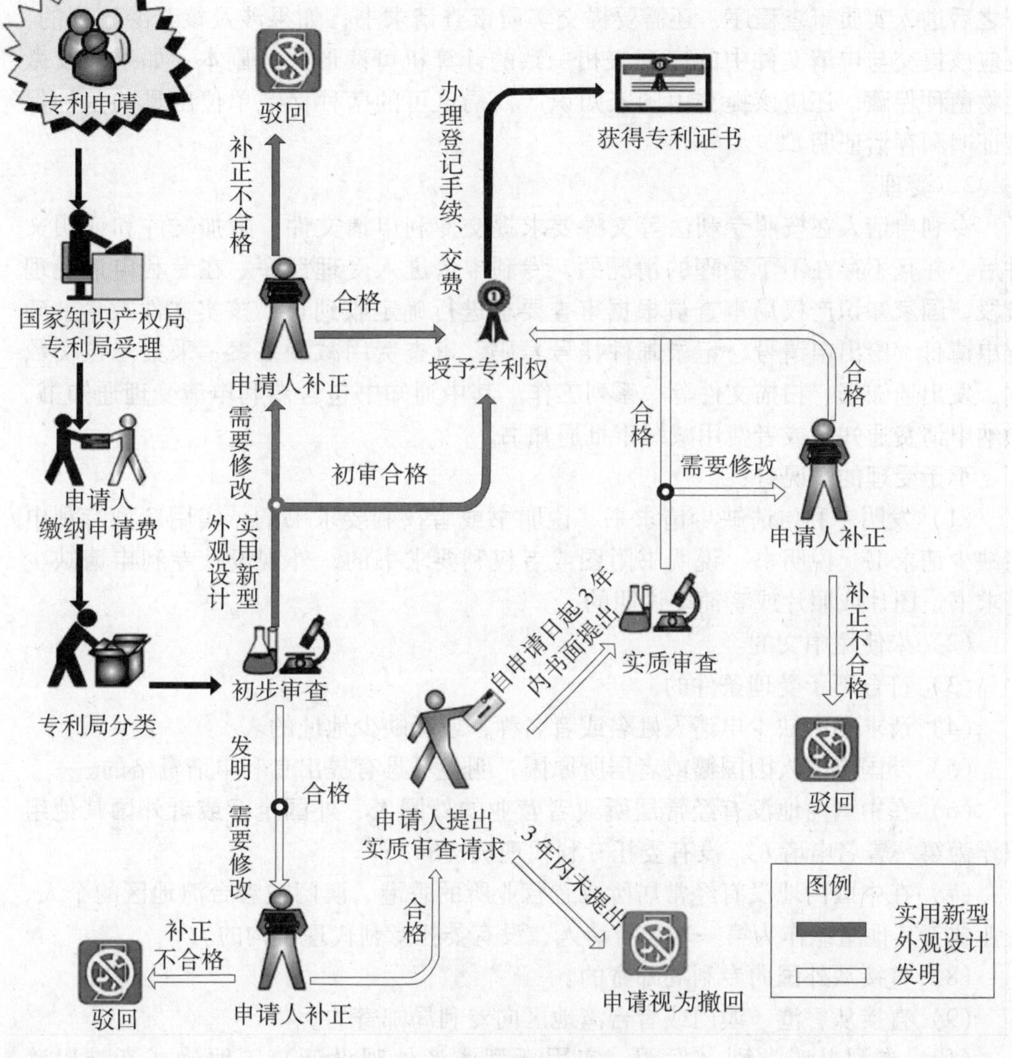

图6-1 专利申请流程图

公布选项；发明专利申请请求书中还涉及其他内容，如涉及分案申请、生物材料保藏、遗传资源来源披露、优先权声明、序列表、保密请求等，按实际情况选择即可。

同时，专利申请人还应该提交办理申请的证明文件或附件。如果由代理机构代理，需要提交由申请人签名或盖章，并由专利代理机构加盖公章的专利代理委托书，其中公章名称应与请求书中的名称一致。如果在提前公开的前提下想在公开之后进入实质审查程序，还需要提交实质审查请求书；如果涉及核苷酸序列的，还应该提交与申请文件中的序列表相一致的计算机可读形式的副本；如果涉及微生物菌种保藏，还应该提交由国家知识产权局认可的菌种保藏单位出具的菌种保藏证明和存活证明。

2. 受理

专利申请人在按照专利法等文件要求提交专利申请文件、附加文件和证明文件后，并且不存在不予受理的情况的，专利申请进入受理程序。在专利申请受理阶段，国家知识产权局审查员根据审查要求进行确定收到日、核实文件数量、确定申请日、给出申请号、记录邮件挂号号码、审查费用减缓备案、采集与核实数据、发出通知书、扫描文件等一系列工作。其中通知书包含专利申请受理通知书、缴纳申请费通知书或者费用减缓审批通知书。

不予受理的情况有：

(1) 发明专利申请缺少请求书、说明书或者权利要求书的，实用新型专利申请缺少请求书、说明书、说明书附图或者权利要求书的，外观设计专利申请缺少请求书、图片或照片或者简要说明的。

(2) 未使用中文的。

(3) 符合不予受理条件的。

(4) 请求书中缺少申请人姓名或者名称，或者缺少地址的。

(5) 外国申请人因国籍或者居所原因，明显不具有提出专利申请资格的。

(6) 在中国内地没有经常居所或者营业的外国人、外国企业或者外国其他组织作为第一署名申请人，没有委托专利代理机构的。

(7) 在中国内地没有经常居所或者营业所的香港、澳门或者台湾地区的个人、企业或者其他组织作为第一署名申请人，没有委托专利代理机构的。

(8) 直接从外国向专利局邮寄的。

(9) 直接从香港、澳门或者台湾地区向专利局邮寄的。

(10) 专利申请类别（发明、实用新型或者外观设计）不明确或者难以确定的。

(11) 分案申请改变申请类别的。

3. 缴费

申请人收到缴费通知书后需要按期缴纳相关费用。缴费项目包括申请费、公布印刷费、申请附加费、优先权要求费，发明专利还有实质审查费。

申请人应该在专利申请日起两个月内，或者自收到受理通知书之日起 15 日内缴纳专利申请费，申请提前公布的还应同时提交公布印刷费。未在规定的期限内缴纳或缴足申请费（含公布印刷费、申请附加费）的，该申请被视为撤回。未在规定的期限内缴纳或缴足优先权要求费的，视为未要求优先权。实质审查费的缴纳期限是自申请日（有优先权要求的，自最早的优先权日）起3年内。专利申请人按照通知规定时间按期缴费即可，可以通过面交、邮局汇付或者电子转账的形式缴纳相关费用。

另外，根据规定，申请人或者专利权人在缴纳规定的各种费用时有困难的，可以按照规定向国务院专利行政部门提出减缴或者缓缴的请求。减缴或者缓缴的办法由国务院财政部门会同国务院价格管理部门、国务院专利行政部门规定。费用减缓备案要在网上进行，可登录国家知识产权局专利事务服务系统（http：//www. cpservice. sipo. gov. cn）进行费用减缓备案。

4. 初步审查

申请人按照规定缴纳相关费用后，专利局将对申请进行分类，专利申请便进入初步审查阶段。一般来说，初步审查分为形式审查和明显实质性缺陷审查两个方面。初步审查将会出现以下三种情况：

（1）初步审查合格，审查员将向申请人发出“初步审查合格通知书”，发明专利申请进入公开和等待实质审查阶段；实用新型专利申请将进入授权程序。

（2）初步审查发现存在缺陷，但是经过补正后可以克服的，审查员将会向申请人发出“补正通知书”。申请人应该在收到通知书之日起在规定的期限内针对通知书指出的缺陷进行修改。如果经过修改后缺陷克服，发明专利申请进入公开和等待实质审查阶段；实用新型专利申请将进入授权程序。如果经过修改后缺陷仍然存在或者产生新的缺陷，审查员将会再次下发“补正通知书”，一般情况下，这一过程将持续至缺陷克服。但是，如果申请人在规定的期限内未提交或者没有正当理由不答复的，该申请将被视为撤回，审查员将会下发“视为撤回通知书”。

（3）专利申请中存在被驳回的理由的，审查员将下发“补正通知书”，若申请人经过陈述或修改仍然未能消除被驳回的理由的，审查员将发出“驳回通知书”。

5. 实质审查

发明专利申请经过初步审查合格、公开程序和实质审查请求后，便进入实质审查阶段。第一次审查意见通知书应对专利申请进行全面审查，审查申请是否符合实质方面和形式方面的所有规定。

无论发明专利申请是否具有授权前景，一般情况下，审查员均会在全面审查的基础上下发第一次审查意见通知书，指出发明专利申请的授权前景、存在的缺陷，审查员在检索的基础上对发明专利申请的权利要求书和说明书提出审查意见。

申请人应该在收到审查意见通知书之日起，在规定的日期对审查意见提出的问题进行陈述，在必要时对原申请文件进行修改。一般情况下，第一次审查意见通知书的答复期限为4个月，第 N 次审查意见通知书的答复期限为2个月，从收到审查意见通知书的第2日起算。

实质审查会产生以下结果：

（1）发明专利申请具有可被授权的前景，申请人根据审查意见通知书中提出的审查意见进行答复和修改，发明专利申请被授权；

（2）发明专利申请存在新颖性和/或创造性的问题，但是申请人通过修改和/或陈述意见后克服了上述问题或者使审查员改变了之前的审查意见，发明专利申请获得授权；

（3）发明专利申请存在新颖性和/或创造性的问题，或者存在其他缺陷，经过申请人修改和/或陈述意见后仍然不能克服以上缺陷，审查员发出驳回通知书，专利申请程序终止。

6. 办理登记手续

发明专利申请经实质审查、实用新型专利申请经初步审查，都没有发现驳回理由的，专利局应当做出授予专利权的决定，颁发专利证书，并同时在专利登记簿和专利公报上予以登记和公告。

在授予专利权之前，专利局应当发出授予专利权的通知书。专利局发出授予专利权通知书的同时，应当发出办理登记手续通知书，申请人应当在收到该通知之日起2个月内办理登记手续。申请人在办理登记手续时，应当按照办理登记手续通知书中写明的费用金额缴纳专利登记费、授权当年（办理登记手续通知书中指明的年度）的年费、公告印刷费，同时还应当缴纳专利证书印花税。申请人在规定期限之内办理登记手续的，专利局应当颁发专利证书，并同时予以登记和公告，专利权自公告之日起生效。

6.2 申请专利的途径

申请专利的途径有两种：自行申请或者委托专利代理机构代为申请。

自行申请需要申请人按照专利文件撰写要求，编写相应的专利文件（请求书、权利要求书、说明书、说明书摘要、说明书附图、摘要附图等）并提交至国家知识产权局。提交方式有两种：把撰写好的专利文件直接邮寄给国家知识产权局；下载电子申请客户端，网上提交申请。

扫一扫，观看“申请专利的途径”

第二种申请途径是委托知识产权代理机构代理申请。委托专利代理机构申请专利时，需要与专利代理机构签订专利代理委托书，填写发明人和申请人登记表，缴纳代理费和申请费等。

知识产权代理机构拥有专业的专利代理人，专利代理人经过了专门的法律培训，既懂法律又懂技术，熟悉专利申请程序，可以代理申请人进行专利申请。由于专利申请手续繁琐，专利代理人可以帮助专利申请人摆脱申请过程中的一些羁绊，从而节约专利申请人大量时间，减轻其负担，让其专心投入到更新的技术研发工作中去。而且专利代理人的有效工作可以极大减少申请文件的被修改、补充率，从而缩短审批时间，提高专利审查机关的工作效率，从而使专利早日通过申请，投入生产，实现经济价值。选择代理机构，通常考虑以下几个因素：

(1) 正规机构。要选择国家/省市知识产权局审批成立的代理机构，选择有完善管理制度、有标准质量管控体系、有完整专利撰写规程的代理机构。

(2) 专业领域。专利申请涉及各个方面的技术，每一家代理机构都有其擅长的领域，在选择专利代理机构之前，可以先了解该代理机构或其代理人所擅长的专业领域。

(3) 专利代理人。具体承办的专业代理人，是决定一个专利案件撰写质量的重要因素。如果知道某个专利代理人有较强的业务能力且专业背景适合，那么将案件委托给该代理人所在的机构并指定该代理人办理是最为合适的方法。代理人是否合适，要从服务态度、对技术的理解能力、能否与之顺畅沟通等多方面来考虑。

(4) 其他。代理费用有高有低，要选择一个要价适中的代理机构。有时候发明人需要与专利代理人当面沟通，选择当地的代理机构，见面交流时就会更为方便。

6.3　专利文献检索

1. 专利文献检索的意义

由于全世界专利众多，且具有优先权特征，任何人都不能保证自己的想法是世界上独一无二的，故在申请专利前应该认真进行检索。通过检索可以判断自己的想法是否已经被别人实现，是否已存在各专利数据库中或者还有什么地方可以改进等。据不完全统计，各国因未查阅专利文献而使研究课题失去价值，每年造成的直接经济损失数以十亿元计，间接损失就更大了。我国在20世纪80年代，大中型企业的近万个课题约有2/3是重复研究，因此，专利申请前一定要高度重视专利文献的检索。专利申请前的专利检索有以下作用：

（1）可以评价专利申请获得授权的可能性；

（2）帮助专利申请人更好地起草专利文件；

（3）可以帮助专利申请人进一步完善申请方案；

（4）减少修改次数从而可以节省时间和费用。

扫一扫，观看“专利文献检索”

2. 专利检索的范围

专利申请前的检索主要包括专利检索和非专利检索。专利检索主要在专利文献中进行。根据PCT（专利合作条约）组织专利检索最低文献量的规定，PCT最低专利文献量包括1920年以来美国、英国、法国、德国、瑞士、欧洲专利局和世界知识产权组织出版的专利说明书，以及日本和俄罗斯的英文专利文献。PCT最低非专利文献则以PCT国际局公布的最低文献量期刊清单前5年发表的文献内容为范围。

此外，随着数字化技术和网络技术的迅速发展，网络资源作为人类知识宝库的一个重要组成部分，构成了发明技术“公知公用”不可忽略的一个重要组成部分，因此，网络公开的文献资源中与发明技术相关的部分，也可以作为专利检索的一个文献资源。

专利文献检索资源主要由各国政府知识产权局网站提供的各国专利数据库、国际或地区间专利合作组织网站的专利数据库、商业性检索系统的数据库等组成。条件允许的情况下，应首选数据量大、检索功能强的商业性检索系统专利数据库，如美国的PQD（Proquest Dialog）、欧洲的STN（Scientific & Technical Information），两者都含有英国Derwent公司的世界专利数据库（WPI）及相关的各国专利数据库。如果不具备使用商业性检索系统的条件，可选用各国政府知识产权局网站、国际或地区间专利合作组织网站提供的公益性专利数据库资源或检索工具，比如中国国家知识产权局政府网站专利库、欧洲专利局网站espacenet专利检索系统、美国专利商标局网站专利检索系统、日本特许厅政府网站专利检索系统等。本节仅介绍一些常用的专利资源。

3. 中国国家知识产权局部分专利系统

国家知识产权局（http：//www. sipo. gov. cn/）提供了专利检索与分析系统、中国专利公布公告查询系统、中国及多国专利审查信息查询系统等多个专利系统，可以检索100多个国家、地区和组织的专利文献，以及中国专利的法律状态、同族、引文、对比文献等信息。

1）专利检索与分析系统

专利检索与分析系统（http：//pss - system. cnipa. gov. cn/sipopublicsearch/portal/uiIndex. shtml）收录了103个国家、地区和组织的专利数据，该系统于2011年开始面向公众提供服务。如图6－2所示，系统主要提供专利检索与专利分析两大类服务，其中检索服务提供常规检索、高级检索等功能；专利分析提供申请人分析、发明人分析、区域分析、技术领域分析、中国专项分析、高级分析等功能。系统提供了详细的培训视频，使用者可以在检索前学习。

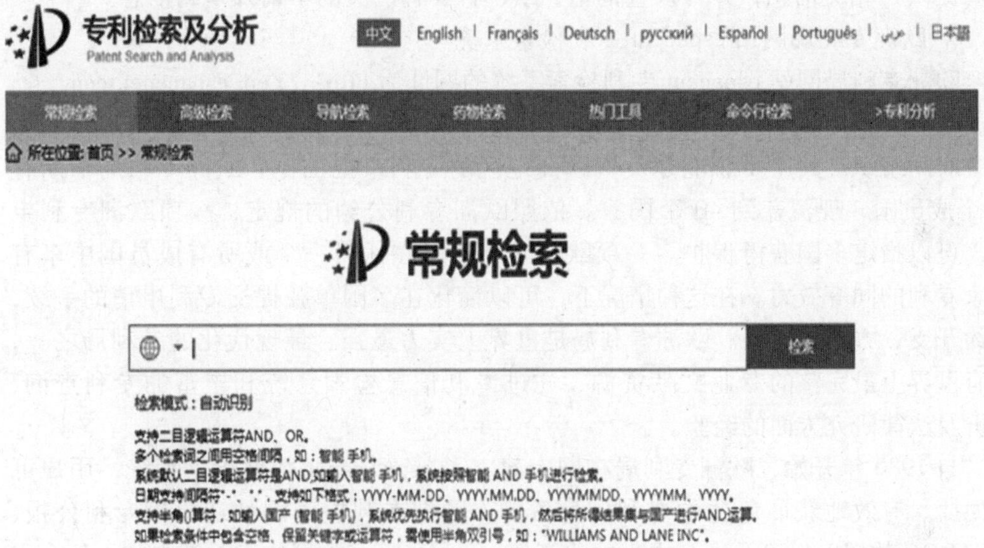

图6－2　专利检索及分析

2）中国专利公布公告查询系统

中国专利公布公告查询系统（http：//epub. sipo. gov. cn/）收录了自1985年9月10日以来公布公告的全部中国专利信息，包括：发明公布、发明授权（1993年以前为发明审定）、实用新型（1993年以前为实用新型专利申请）的著录项目、摘要及附图，其更正的著录项目、摘要及附图（2011年7月27日及之后），以及相应的专利单行本（包括更正）；外观设计（1993年以前为外观设计专利申请）的著录项目、简要说明及指定视图，其更正的著录项目、简要说明及指定视图（2011年7月27日及之后），以及外观设计全部图形（2010年3月31日及以前）或外观单行本（2010年4月7日及之后）（均包括更正）；事务数据。截至2016年

1 月 13 日，已收录专利总数为 15 647 361 件。该系统提供专利检索和专利著录项目、摘要及说明书全文浏览功能。

3）中国及多国专利审查信息查询系统

中国及多国发明专利审查信息查询系统（http：//cpquery. sipo. gov. cn/）可以查询中国国家知识产权局、欧洲专利局、日本特许厅、韩国特许厅、美国专利商标局受理的发明专利审查信息。用户登录该系统并进入多国发明专利审查信息查询界面，可以通过输入申请号、公开号、优先权号查询该申请的同族（由欧洲专利局提供）相关信息，并可以查询中、欧、日、韩、美的申请及审查信息。

2. 欧洲专利局网站 espacent 专利检索系统

欧洲专利局网站 espacent 专利检索系统的网址为 http：//ep. espacenet. com.

欧洲专利局（EPO）是根据欧洲专利公约，于 1977 年 10 月 7 日正式成立的一个政府间组织。其主要职能是负责欧洲地区的专利审批工作。欧洲专利局早期有 19 个成员国，现覆盖到 40 个国家。依照欧洲专利公约的规定，一项欧洲专利申请，可以指定多国获得保护。一项欧洲专利可以在任何一个或所有成员国中享有国家专利的同等效力。在这种情况下，可以简化在多国单独提交专利申请的手续，节约开支，方便申请人。欧洲专利局是世界上实力最强、最现代化的专利局之一，拥有世界上最完整的专业文献资源、先进专利信息检索系统和丰富的专利查询、申诉及法律研究方面的经验。

自 1980 年开始，欧洲专利局在网上建立了 esp@ aenet 数据检索系统，用户可以便捷、有效地获取免费的专利信息资源。欧洲专利检索网站还提供专利公报、INPADOC 数据库信息及专利文献的修正等。esp@ aenet 数据检索系统中收入每个国家的数据范围不同，数据类型也不同。数据类型包括，题录数据、文摘、文本式的说明书及权利要求，扫描图为储存的专利说明书的首页、附图、权利要求及全文。

3. 美国专利检索系统

美国专利商标局网站（http：//patft. uspto. gov/）是美国专利商标局建立的政府性官方网站，该网站向公众提供全方位的专利信息服务。美国专利商标局已将 1790 年以来的美国各种专利的数据在其政府网站上免费提供给世界上的公众查询。该网站针对不同信息用户设置了专利授权数据库、专利申请公布数据库、法律状态检索、专利权转移检索、撤回专利检索、延长专利保护期检索、专利公报检索及专利分类等。

4. 日本特许厅政府网站专利检索系统

日本专利局（http：//www. jpo. go. jp）已将自 1885 年以来公布的所有日本专

利、实用新型和外观设计电子文献及检索系统通过其网站上的工业产权数字图书免费提供给全世界的读者。

5. 商业数据库

1）专利之星专利检索

专利之星专利检索系统（http：//www. patentstar. cn）是在我国第一个专业专利文献检索系统CPRS的基础上，经过改进和优化而成的集专利文献检索、统计分析、机器翻译、定制预警等功能为一体的多功能综合性专利检索系统，于2012年7月上线对外服务。该系统完全针对专利文献特征进行设计，系统应用更为专业；历经国家知识产权局专利审查员近20年的使用验证，检索结果更为精准；20年的持续演进，系统性能更为可靠。系统收录了全球90多个国家的重要专利文献及相关信息，数据量超过8000万条，系统包括完整的中国专利文献信息，其他国家的著录、摘要、全文、引证及专利家族等信息，是全球范围内专利数据收录最完整的系统之一。

2）SooPat专利数据检索引擎

Soopat是一个专利数据搜索引擎，其网址为http：//www. soopat. com。Soo代表“搜索”，Pat代表“patent”，SooPat即为“搜索专利”。SooPat本身不提供数据，而是将所有互联网上免费的专利数据进行链接、整合，并加以人性化的调整，使之更加符合人们的一般检索习惯。用户注册后，可使用到SooPat的更多功能，如阅读下载专利文献、向专利行业的专家提问、结交朋友、分享新鲜事，还可以随时随地用手机访问，参与互动。个人、企业以及专业人士可以通过缴费成为高级用户；高级用户可以使用更多的资源和功能。SooPat开发了更为强大的专利分析功能，提供各种类型的专利分析，例如可以对专利申请人、申请量、专利号分布等技术分析、用专利图表表示，而且速度非常快。

3）Derwent Innovations Index（DII）

Derwent Innovations Index（DII）由汤森路透知识产权与科技集团出版，隶属于汤森路透集团（Thomson Reuters）。DII数据库基于Web of Science平台，由Derwent World Patents Index（德温特世界专利索引，DWPI）和Patents Citation Index（专利引文索引，PCI）两部分组成，收录了来自全球47个专利机构（涵盖100多个国家和地区）的专利信息，数据回溯到1963年，每周更新，支持快速而精确的专利和引文检索，内容覆盖化学、电气、电子和机械工程等领域。

6.4 技术交底文件

技术交底书又称技术交底材料，它是发明人或申请人将自己希望申请专利的发明创造内容以书面形式提交给专利代理机构的文件。技术交底书是帮助专利代理人理解发明创造的关键，也是写好专利申请文件的基础。技术交底书记载了具体的发明或实用新型的名称、所属技术领域、相关的背景技术、发明内容、附图及附图说明等。

扫一扫，观看
“技术交底文件”

1. 技术交底书的主要作用

技术交底书需要记载其发明创造的原始内容，阐明该技术的关键点。通过技术交底书将发明创造的内容传递给专利代理人。一份能够准确记载发明创造内容的技术交底书，不仅有利于发明人对自己的发明创造形成清楚、系统的认识，而且有利于专利代理人准确理解发明创造的构思，合理设计发明的保护范围，有效缩短申请专利的准备时间。

撰写专利申请文件的代理人通常不是该项技术的专家，对尖端技术不可能有详细了解。所以，专利代理人只有在发明人撰写的技术交底书的基础上，才能撰写出专利申请文件。因此，一个发明创造先要由发明人撰写技术交底书，再交给专利代理人加工，才能完成专利申请文件的撰写工作。发明人对技术方案很熟悉，但是对专利申请流程不熟悉，而且多数人很难准确把握好专利授权的实质性要求以及答复和修改技术方案的技巧。因此，技术交底书成了发明人和代理人对话、沟通的“桥梁”。

对于专利代理人来说，拿到一份清楚、完整反映发明内容的技术交底书，可以加快对技术内容和发明创新点的理解和把握，减少代理人与发明人之间的沟通次数。专利代理人可以根据技术交底书的“素材”形成技术内容完整、权利要求保护范围恰当的专利申请文件（主要是说明书、权利要求书），使得该发明创造的技术创新成果有可能得到最大限度的保护。总而言之，一份合格的技术交底书，可以提高代理工作的效率，同时有利于专利申请的顺利审批。

2. 技术交底书的主要内容

一份完整的技术交底文件，需要发明人提供发明的名称、技术领域、背景技术、发明内容、附图及附图说明、具体实施方式六个方面的素材。这些内容的撰写方法在第 4 章已经进行了详细的介绍，这里不再进行叙述。通常代理机构会给发明人提供一个技术交底的模板，要求发明人按照模板的要求进行填写。各代理机构提供的模板基本内容大致相同，表6－1给出了一个模板可供参考使用。该模板采用了“提醒/问答”方式，可以提醒发明人把所有项目全部考虑到，另外在填写时不得缺项。

表6－1　技术交底文件模板

发明名称	□是通用名称吗？ □该名称能反映出本发明的主要特征和功能吗？
技术领域	□本发明所属的技术领域是什么？ □本发明将用于什么地方，能起到什么作用？
背景技术	□您检索到与本发明最相关的对比文件了吗？ □您能列出专利文献的出处吗？ □背景技术的现状是什么？ □您能准确描述现有技术存在哪些问题和不足吗？
发明点	□您是为了解决什么问题才有这个发明想法的？ □您想要达到什么发明目的？ □对于发明的关键点和保护点，能否表述清楚？

续表 6－1

发明内容	1. 要解决的技术问题？
	□相对于现有技术，本发明解决了什么技术问题？
	2. 所采用的技术方案
	□技术方案的主题明确吗？ □您对技术方案（特别是改进部分）的阐述清楚吗？ □技术方案完整吗？ □您写出该技术方案的原理了吗？ □该技术方案能够实现吗？ □是否具有不同的、可变通的、可代替的实施例？
	3. 能获得的技术效果
	□您对所获得的有益效果的描述清楚、准确吗？ □采用的技术方案与产生的有益效果之间有关系吗？ □具有商业价值吗？
附图及说明	□您画出的附图能反映出本发明的技术特征吗？ □附图是否清楚、明白了？ □它与技术交底书的描述吻合吗？
	□附图说明与前面的文字描述对应吗？

6.5 电子申请介绍

电子申请是指以互联网为传输媒介，将专利申请文件以符合规定的电子文件向国家知识产权局提出的专利申请。申请人可通过电子申请系统向国家知识产权局提交发明、实用新型和外观设计专利申请与中间文件，以及中国国家阶段的国际申请和中间文件。国家知识产权局专利电子申请系统于2004年3月12日开通。目前使用的电子申请客户端新专利电子申请系统于2010年2月10日上线运行，电子申请在线业务办理平台于2016年10月29日上线运行。电子申请使用流程如图6－3所示。

扫一扫，观看
“电子申请介绍”

图6－3 电子申请使用流程

1. 电子申请用户注册

办理注册的方式有当面注册、邮寄注册和网上注册三种。其中，当面注册包括专利局受理大厅注册和代办处注册。用户注册应具备的材料包括：电子申请用户注册请求书、电子申请用户注册协议和相关证明文件（例如加盖公章的代理机构注册证的复印件等）。

2. 制作电子申请文件前的准备

首先，下载、安装客户端系统。可以在中国专利电子申请网“下载”首页上的“工具下载”栏下载（http：//cponline. sipo. gov. cn/）。下载并安装完成后，还需根据具体环境进行网络设置。其次，下载用户数字证书。

3. 制作电子申请文件

电子申请客户端的界面如图6－4所示。在使用时，首先，用户应了解并学会使用电子申请客户端系统的功能，即电子申请文件制作（客户端编辑器）、案卷管理、通知书管理、数字证书管理、系统设置等功能。其次，用户使用客户端编辑器，选择表格模板进行编辑，步骤为：①选择表格模板；②填写或修改文件内容；③点击“保存”。对于普通的发明专利申请和实用新型专利申请，可以使用客户端编辑器导入部分Word、PDF格式的文件。

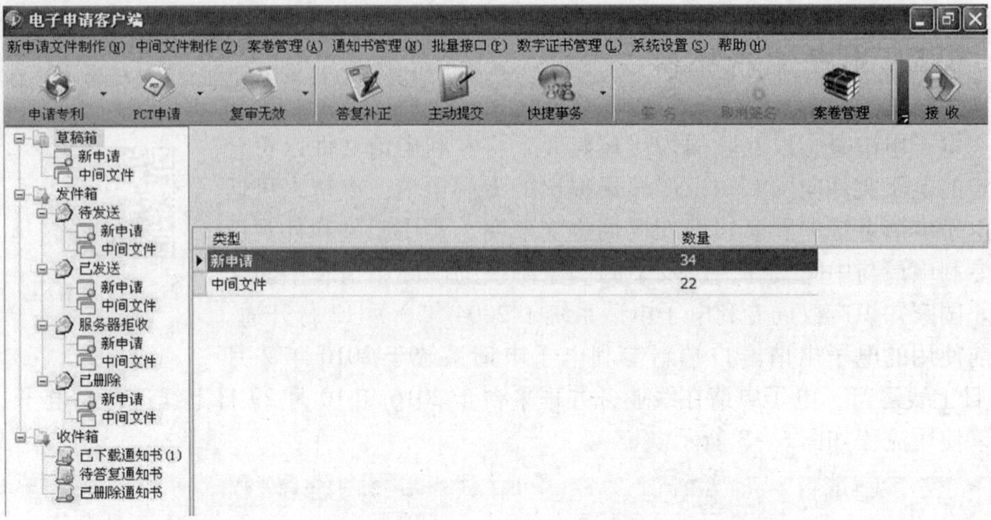

图 6－4　电子申请客户端

4. 提交前检查文件

保存文件后，用户可以使用编辑器重新打开文件进行检查，以确保文件内容完整、准确，图片显示正常。

5. 使用数字证书签名

用户在客户端首界面的“签名”项中，选择“签名证书”并点击“签名”，则成功完成签名操作，文件进入待发送目录。

6. 提交文件并接收回执

用户在待发送目录下选择要提交的文件，在客户端首界面上选择“发送”，并点击“开始上传”，则文件提交成功并进入已发送目录。文件提交成功后，用户可以接收并查看回执，回执的内容主要包括接收案件编号、发明创造名称、提交人姓名或名称、国家知识产权局收到时间、国家知识产权局收到文件情况等。

7. 接收电子申请通知书

用户在客户端首界面上点击“接收”，选择“签名证书”并点击“获取列表”，选择要下载的通知书后，点击“开始下载”，即可查看该通知书。

8. 提交证明文件

根据专利法及其实施细则、专利审查指南规定的应当以原件形式提交的相关文件，申请人可以只提交原件的电子扫描文件；确因条件限制无法提交电子扫描文件的，可以提交原件。对前一情形，必要时审查员可以要求申请人在指定期限内提交原件。

9. 登录网站查询相关信息

首先，可进行提交案件情况查询，包括基本信息、案件提交信息、通知书信息等。其次，可进行电子发文查询，包括申请号、发明创造名称、通知书名称等。

参 考 文 献

[1] 黄纯颖. 工程设计方法 [M]. 北京：中国科学技术出版社，1989.

[2] 肖云龙. 创造性设计 [M]. 武汉：湖北科学技术出版社，1989.

[3] 张亮峰. 机械加工工艺基础与实习 [M]. 北京：高等教育出版社，1999.

[4] 肖云龙. 创造学基础 [M]. 长沙：中南大学出版社，2001.

[5] 黄靖远，高志，陈祝林. 机械设计学 [M]. 北京：机械工业出版社，2005.

[6] 濮良贵，纪名刚. 机械设计 [M]. 北京：高等教育出版社，2006.

[7] 张春林. 机械创新设计 [M]. 北京：北京理工大学出版社，2007.

[8] 闻邦椿，张国忠，柳洪义. 面向产品广义质量的综合设计理论与方法 [M]. 北京：科学出版社，2007.

[9] 黄继昌，徐巧鱼，张海贵. 实用机构图册 [M]. 北京：机械工业出版社，2008.

[10] 谢友柏，袁小阳，徐华. 公理设计：发展与应用 [M]. 北京：机械工业出版社，2004.

[11] 滕发祥. 一种成熟的创新技法——列举法 [J]. 重庆职业技术学院学报，2004，13 (2)：21-22.

[12] 罗绍新. 机械创新设计 [M]. 北京：机械工业出版社，2008.

[13] 赵明岩. 大学生机械设计竞赛指导 [M]. 杭州：浙江大学出版社，2008.

[14] 王亮申，等. TRIZ创新理论与应用原理 [M]. 北京：科学出版社，2012.

[15] 王晶. 第二届全国大学生机械创新设计大赛决赛作品集 [M]. 北京：高等教育出版社，2007.

[16] 高志. 机械创新设计 [M]. 北京：清华大学出版社，2009.

[17] 高志. 机械创新设计 [M]. 北京：高等教育出版社，2012.

[18] 高志. 机械创新设计 [M]. 成都：西南交通大学出版社，2014.

[19] 俞飞. 知识产权保护 [M]. 厦门：厦门大学出版社，2007.

[20] 王胜利，刘义. 图解专利法——专利知识12讲 [M]. 北京：知识产权出版社，2007.

[21] 吴观乐. 专利代理实务 [M]. 北京：知识产权出版社，2015.

[22] 王星河. 缺点列举法与希望点列举法在产品设计中的组合应用 [J]. 艺术设计，2010，3：62-63.

[23] 陈潍民，张和平. 大学生创新发明与专利申请教程 [M]. 合肥：合肥工业大学出版社，2017.

[24] 国家知识产权局. http：//cponline. cnipa. gov. cn/.

附录一

全国大学生机械创新设计大赛

全国大学生机械创新大赛是经教育部高等教育司批准，由教育部高等学校机械学科教学指导委员会主办，机械基础课程教学指导分委员会、全国机械原理教学研究会、全国机械设计教学研究会、北京中教仪科技有限公司联合高校共同承办，面向大学生的群众性科技活动。其目的在于引导高校在教学中注重培养学生的创新设计意识、综合设计能力与协作精神，加强学生动手能力的培养和工程实践的训练，提高学生针对实际需求进行机械创新、设计、制作的实践工作能力；吸引、鼓励广大学生踊跃参加课外科技活动，为优秀人才脱颖而出创造条件。

第一届

地点：南昌大学

时间：2004 年 9 月

主题：无固定主题

第一届全国大学生机械创新设计大赛是经教育部高等教育司批准，由教育部高等学校机械学科教学指导委员会主办的大赛。大赛以培养大学生的创新设计能力、综合设计能力和工程实践能力为目的，充分展示了我国高等院校机械学科的教学改革成果和大学生机械创新设计的成果，积极推动了机械产品研究设计与生产的结合，为培养机械设计、制造的创新人才起到了重要作用。

第二届

地点：湖南大学

时间：2006 年 10 月

第二届全国大学生机械创新设计大赛的主题为“健康与爱心”，内容为“助残机械、康复机械、健身机械、运动训练机械等四类机械产品的创新设计与制作”。大赛是在中央提出建设和谐社会、建设创新型国家和我国装备制造业全面复苏并从制造大国向制造强国迈进的大背景下举办的。

第三届

地点：武汉海军工程大学

时间：2008 年 10 月

第三届全国大学生机械创新设计大赛的主题为“绿色与环境”，内容为“环保机械、环卫机械、厨卫机械三类机械产品的创新设计与制作”。其中“环保机械”解释为用于环境保护的机械；“厨卫机械”解释为用于厨房、卫生间的机械。

所有参加决赛的作品必须与本届大赛的主题和内容相符，与主题和内容不符的作品不能参赛。参赛作品必须以机械设计为主，提倡采用先进理论和先进技术，如机电一体化技术等。对作品的评价不以机械结构为单一标准，而是对作品的功能、结构、工艺制作、性能价格比、先进性、创新性等多方面进行综合评价。在实现功能相同的条件下，机械结构越简单越好。

第四届

地点：东南大学

时间：2010 年 10 月

第四届全国大学生机械创新设计大赛的主题为“珍爱生命，奉献社会”，内容为“在突发灾难中，用于救援、破障、逃生、避难的机械产品的设计与制作”。其中，“用于救援、破障的机械产品”指在火灾、水灾、地震、矿难等灾害发生时，为抢救人民生命和财产所使用的机械；“用于逃生、避难的机械产品”指立足防患于未然，在突发灾害发生时保护自我和他人的生命和财产安全的机械，也包括在灾难和紧急情况发生时，房屋建筑、车船等运输工具以及其他一些公共场合中可以用作紧急逃生、避难的门、窗、锁的创新设计。

所有参加决赛的作品必须与本届大赛的主题和内容相符，与主题和内容不符的作品不能参赛。参赛作品必须以机械设计为主，提倡采用先进理论和先进技术，如机电一体化技术等。对作品的评价不以机械结构为单一标准，而是对作品的功能、结构、工艺制作、性能价格比、先进性、创新性等多方面进行综合评价。在实现功能相同的条件下，机械结构越简单越好。

第五届

地点：中国人民解放军第二炮兵工程学院（陕西西安）

时间：2012 年 7 月

第五届全国大学生机械创新设计大赛的主题为“幸福生活——今天和明天”；内容为“休闲娱乐机械和家庭用机械的设计和制作”。“家庭用机械”指对家庭或宿舍内物品进行清洁、整理、储存和维护用机械；“休闲娱乐机械”指“机械玩具或在家庭、校园、社区内设置的健康益智的生活、娱乐机械”。凡参加过本赛事以前比赛的作品原则上不得再参加本届比赛；如果作品在功能或原理上确有新的突破和创新，参赛时须对突破和创新之处做出说明。

所有参加决赛的作品必须与本届大赛的主题和内容相符，与主题和内容不符的作品不能参赛。参赛作品必须以机械设计为主，提倡采用先进理论和先进技术，如机电一体化技术等。对作品的评价不以机械结构为单一标准，而是对作品的功能、设计、结构、工艺制作、性能价格比、先进性、创新性等多方面进行综合评价。在实现功能相同的条件下，机械结构越简单越好。

第六届

地点：东北大学

时间：2014 年 7 月 27—29 日

第六届全国大学生机械创新设计大赛的主题为“幻·梦课堂”，内容为“教室用设备和教具的设计与制作”。学生可根据对日常课堂教学情况的观察，或根据对若干年以后课堂教学环境和状态的设想，设计并制作出能够使课堂教学更加丰富、更具吸引力的机械装置。

课堂包括教室、实验室等教学场所；教室用设备包括桌椅、讲台、黑板、投影设备、展示设备等；教具是指能帮助大学生理解和掌握机械类课程（包括但不限于“理论力学”“材料力学”“机械制图”“机械原理”“机械设计”“机械制造基础”等）的基本概念、基本原理、基本方法等的教学用具。

学生在设计时，应注重作品功能、原理、结构上的创新性。

所有参加决赛的作品必须与本届大赛的主题和内容相符，与主题和内容不符的作品不能参赛。参赛作品必须以机械设计为主，提倡采用先进理论和先进技术，如机电一体化技术等。对作品的评价不以机械结构为单一标准，而是对作品的功能、设计、结构、工艺制作、性能价格比、先进性、创新性等多方面进行综合评价。在实现功能相同的条件下，机械结构越简单越好。

第七届

地点：山东交通学院

时间：2016 年 7 月

第七届全国大学生机械创新设计大赛的主题为“服务社会——高效、便利、个性化”，内容为“钱币的分类、清点、整理机械装置；不同材质、形状和尺寸商品的包装机械装置；商品载运及助力机械装置”。

关于钱币的分类、清点、整理机械装置的设计。该类机械装置的主要功能是可以对混杂在一起的各种纸币和硬币进行分类、清点、整理。设计时，可以只实现分类、清点、整理三种功能中的一种或两种功能，也可以同时实现三种功能。设计中追求的目标是高效、准确、实用。作品设计应注意满足目前城市公交公司、商贸和银行等行业在整理零钞、零币中的实际需求；不能用市场已有产品或已有产品的简单改制品参赛。对是否实现假币、残币的辨识功能，不做统一要求。

关于不同材质、形状和尺寸商品的包装机械装置的设计。主要针对开设“网店”等创业人员在创业初期存在的人手少、工作量大的问题，设计可以用于包装多种材质、尺寸和形状商品的个性化机械装置。设计中应遵循环保、快捷和节约的设计理念。

关于商品载运及助力机械装置的设计。主要是设计帮助快递员进行载运和搬动物品等工作的辅助装置。所设计的商品载运装置不仅要快捷，而且要保证投递员和商品的安全，便于实现文明装卸、分发、投递各类快件；助力装置主要指在搬运商品的过程中可以减轻投递员劳动强度且能保障商品安全的小型与轻便的机械装置。

设计时应注重综合运用所学“机械原理”“机械设计”“机械制造工艺及设备”等课程的设计原理与方法，注重作品原理、功能、结构上的创新性。

所有参加决赛的作品必须与本届大赛的主题和内容相符，与主题和内容不符的作品不能参赛。参赛作品必须以机械设计为主，提倡采用先进理论和先进技术，如机电一体化技术等。对作品的评价不以机械结构为单一标准，而是对作品的功能、设计、结构、工艺制作、性能价格比、先进性、创新性、实用性等多方面进行综合评价。在实现功能相同的条件下，机械结构越简单越好。

第八届

地点：浙江工业大学

时间：2018 年 7 月 20 日

第八届全国大学生机械创新设计大赛的主题为“关注民生、美好家园”，内容为“①解决城市小区中家庭用车停车难问题的小型停车机械装置的设计与制作；②辅助人工采摘包括苹果、柑橘、草莓等 10 种水果的小型机械装置或工具的设计与制作”。

家庭用车指小轿车、摩托车、电动车、自行车 4 种；辅助人工采摘的水果仅针对苹果、梨、桃、枣、柑子、橘子、荔枝、樱桃、菠萝、草莓 10 种水果。

智慧城市、智慧社会是目前发展的主旋律，而服务则是其核心。根据参赛大学生的特点，结合机械科学与工程的发展，本届大赛针对城市小区停车难的问题，开展小型停车装置的机械创新，重点考察方法与装置的创新性，包括可以节约场地、节约能源、低成本、免维护等科学的停车方案与机械装置。停放位置可以是车主自有场地，也可以是小区公共场所。设计中追求的目标是空间利用率高、安全、便捷。

在广大的乡村，农业生产广泛采取多种经营，经济作物特别是水果的大量生产和投放市场，丰富了人民的膳食品种，提高了人民的生活质量。全国很多地区在水果的采摘上依然主要靠人工，本届大赛针对量产水果采摘中存在的劳动工作量大、作业范围广（果实分布高低不均）、触碰力度控制要求高（多汁水果易碰伤）以及需选择性采摘（单果成熟期不一致）等问题，展开小型辅助人工采摘机械装置或工具的创新设计与制作。主要目标是提高水果采摘效率、降低劳动强度和采摘成本，保障水果成品质量。

第九届

地点：西南交通大学

时间：2020 年

第九届全国大学生机械创新设计大赛的主题为“智慧家居、幸福家庭”，内容为“设计与制作用于：①帮助老年人独自活动起居的机械装置（简称助老机械）；②现代智能家居的机械装置（简称智能家居机械）”。

智慧城市、智慧社会是目前社会发展的主旋律，而针对人口老龄化的健康养老问题，也已经成为当前我国必须面对和解决的社会问题。对于“助老机械”，重点设计当老人独自在家活动时，辅助其从床上坐立、上下床、如厕、洗浴；预防其跌伤、辅助其跌倒后站立；提醒吃药、物品整理和方便存取等方面的机械装置。还包括针对居住复式楼层家庭，设计帮助老人上下楼的机械装置。

“助老机械”不针对助残、伤病后康复锻炼目的进行设计，如可共通使用，应以助老为主要目的。

对于“智能家居机械”，重点是使用智能技术，设计和开发新一代住宅用机械和家用机械装置，如实现自动通风、合理采光、室内物品整理、室内卫生打扫、衣物晾晒与折叠存放等功能；还包括在台风暴雨来临时，门窗加固防护的机械装置，地下车库智能阻水、排水的机械装置；也包括针对北方大暴雪时，清除屋顶积雪的机械装置。在设计上述机械装置时，提倡和鼓励利用“智能化”和充分发挥人的智慧。

设计时应注重综合运用所学“机械原理”“机械设计”等课程的设计原理与方法，注重作品原理、功能、结构上的创新性。

参赛作品必须以机械设计为主，提倡采用先进理论和智能技术等。对作品的评价不以机械结构为单一标准，而是对作品的功能、设计、结构、工艺制作、性能价格比、先进性、创新性、实用性等多方面进行综合评价。在实现功能相同的条件下，机械结构越简单越好。

附录二

专利文件撰写要求

一、权利要求书撰写要求

（1）申请发明专利或者实用新型专利应当提交权利要求书，一式一份。

（2）权利要求书应当打字或者印刷，字迹应当整齐清晰，呈黑色，符合制版要求，不得涂改，字高应当在3.5～4.5 mm之间，行距应当在2.5～3.5 mm之间。权利要求书首页用此页，续页可使用同样大小和质量相当的白纸。纸张应当纵向使用，只限使用正面，四周应当留有页边距：左侧和顶部各25mm，右侧和底部各15mm。

（3）权利要求书应当说明发明或者实用新型的技术特征，清楚和简要地表述请求保护的范围。权利要求书有几项权利要求时，应当用阿拉伯数字顺序编号，编号前不得冠以“权利要求”或者“权项”等词。

（4）权利要求书中使用的科技术语应当与说明书中使用的一致，可以有化学式或者数学式，必要时可以有表格，但不得有插图。不得使用“如说明书……部分所述”或者“如图……所示”等用语。

（5）每一项权利要求仅允许在权利要求的结尾处使用句号。

（6）权利要求书应当在每页下框线居中位置顺序编写页码。

二、说明书撰写要求

（1）申请发明专利或者实用新型专利应当提交说明书，一式一份。

（2）说明书应当打字或者印刷，字迹应当整齐清晰，呈黑色，符合制版要求，不得涂改，字高在3.5～4.5mm之间，行距在2.5～3.5mm之间。说明书首页用此页，续页可使用同样大小和质量相当的白纸。纸张应当纵向使用，只限使用正面，四周应当留有页边距：左侧和顶部各25mm，右侧和底部各15mm。

（3）说明书第一页第一行应当写明发明创造名称，该名称应当与请求书中的名称一致，并左右居中。发明创造名称与说明书正文之间应当空一行。说明书格式上应当包括下列五个部分，并且在每一部分前面写明标题：

技术领域

背景技术

发明内容

附图说明

具体实施方式

说明书无附图的，说明书文字部分不包括附图说明及其相应的标题。说明书文字部分可以有化学式、数学式或者表格，但不得有插图。

(4) 涉及核苷酸或氨基酸的申请，应当将该序列表作为说明书的一个单独部分，并单独编写页码。申请人应当在申请的同时提交与该序列表相一致的光盘或软盘，该光盘或软盘应符合国家知识产权局的有关规定。

(5) 说明书应当在每页下框线居中位置顺序编写页码。

三、说明书附图要求

(1) 申请发明专利（如有附图）或者实用新型专利应当提交说明书附图，一式一份。

(2) 实用新型专利申请的说明书附图中应当有表示要求保护的产品的形状、构造或者其结合的附图，不得仅有表示现有技术的附图，或者不得仅有表示产品效果、性能的附图。

(3) 附图首页用此页，续页可使用同样大小和质量相当的白纸。纸张只限使用正面，四周应当留有页边距：左侧和顶部各25mm，右侧和底部各15mm。

(4) 图的布局：

①附图应当尽量竖向绘制在图纸上，彼此明显分开。当零件横向尺寸明显大于竖向尺寸必须水平布置时，应当将附图的顶部置于图纸的左边，一页图纸上有两幅以上的附图，且有一幅已经水平布置时，该页上其他附图也应当水平布置。

②一幅图无法绘在一张纸上时，可以绘在几张图纸上，但应当另外绘制一幅缩小比例的整图，并在此整图上标明各分图的位置。

(5) 图的编号：

附图总数在两幅以上的，应当使用阿拉伯数字顺序编号（此编号与图的编页无关），并在编号前冠以“图”字，例如图1，图2。该编号应当标注在相应附图的正下方。只有一幅图时不必编号。

(6) 图的绘制：

①应当使用包括计算机在内的制图工具和黑色墨水绘制，线条应当均匀清晰、足够深，不得着色和涂改，不得使用工程蓝图。

②剖视图应当标明剖视的方向和被剖视的图的布置。

③剖面线间的距离应当与剖视图的尺寸相适应，不得影响图面整洁（包括附图标记和标记引出线）。

④图中各部分应当按比例绘制。

⑤附图的大小及清晰度，应当保证在该图缩小到三分之二时仍能清晰地分辨出图中各个细节，以能够满足复印、扫描的要求为准。

（7）图中文字：除一些必不可少的词语外，例如："水""蒸汽""开""关""*A*—*A* 剖面"，图中不得有其他的注释。

（8）附图标记：附图标记应当使用阿拉伯数字编号，申请文件中表示同一组成部分的附图标记应当一致，但并不要求每一幅图中的附图标记连续，说明书文字部分中未提及的附图标记不得在附图中出现。

（9）说明书附图应当在每页下框线居中位置顺序编写页码。

四、说明书摘要撰写要求

（1）申请发明专利或者实用新型专利应当提交说明书摘要，一式一份。

（2）说明书摘要文字部分应当打字或者印刷，字迹应当整齐清晰，黑色，符合制版要求，不得涂改，字高在 3.5 ～ 4.5mm 之间，行距在 2.5 ～ 3.5mm 之间。纸张应当纵向使用，只限使用正面，四周应当留有页边距：左侧和顶部各 25mm，右侧和底部各 15mm。

（3）说明书摘要文字部分应当写明发明或者实用新型的名称和所属的技术领域，清楚反映所要解决的技术问题，解决该问题的技术方案的要点及主要用途。说明书摘要文字部分不得加标题，文字部分（包括标点符号）不得超过 300 个字，对于进入国家阶段的国际申请，其说明书摘要译文不限于 300 个字。

（4）说明书摘要附图应当使用规定格式的表格绘制。

五、说明书摘要附图要求

（1）申请发明专利（有附图的）或者实用新型专利应当提交说明书摘要附图，一式一份。

（2）说明书摘要附图应当选用最能说明该发明或者实用新型技术方案主要技术特征的一幅图，应当是说明书附图中的一幅，对于进入国家阶段的国际申请，其说明书摘要附图副本应当与国际公布时的摘要附图一致。

（3）纸张只限使用正面，四周应当留有页边距：左侧和顶部各 25mm，右侧和底部各 15mm。

（4）摘要附图应当使用包括计算机在内的制图工具和黑色墨水绘制，线条应当均匀清晰。图中各部分应当按比例绘制。摘要附图的大小及清晰度应当保证在该图缩小到 4cm × 6cm 时，仍能清楚地分辨出图中的各个细节。

（5）最能说明发明的化学式可以视为摘要附图。